D1618636

Eric Chaline

50 Maschinen, die unsere Welt veränderten

Eric Chaline ist Soziologe, Journalist und Autor, spezialisiert auf Geschichte, Philosophie und Religion. Nach seinem Studium in Cambridge, London und Osaka promovierte er am Soziologischen Institut der South Bank University in London.

Der Haupt Verlag wird vom Bundesamt für Kultur mit einem Strukturbeitrag für die Jahre 2016–2020 unterstützt.

Die englische Originalausgabe erschien 2012 unter dem Titel *Fifty Machines that Changed the Course of History*.

Konzept, Gestaltung und Produktion:
Quid Publishing, an imprint of the Quarto Group
6 Blundell Street
London N7 9BH
United Kingdom

Gestaltung: Lindsey Johns

Aus dem Englischen übersetzt von Claudia Huber, D-Erfurt
Satz der deutschsprachigen Ausgabe: Die Werkstatt Produktion GmbH, D-Göttingen

Diese Publikation ist in der Deutschen Nationalbibliografie verzeichnet. Mehr Informationen dazu finden Sie unter http://dnb.dnb.de

ISBN: 978-3-258-08036-9

Swiss Climate
CO_2neutral
Transport

MIX
Papier aus verantwortungsvollen Quellen
FSC
www.fsc.org
FSC® C101537

Printed in China

Um lange Transportwege zu vermeiden, hätten wir dieses Buch gerne in Europa gedruckt. Bei Lizenzausgaben wie diesem Buch entscheidet jedoch der Originalverlag über den Druckort. Der Haupt Verlag kompensiert mit einem freiwilligen Beitrag zum Klimaschutz die durch den Transport verursachten CO_2-Emissionen und verwendet FSC®-Papier.

Eric Chaline

50 Maschinen, die unsere Welt veränderten

Übersetzt von Claudia Huber

Haupt
NATUR

INHALT

50 MASCHINEN, DIE UNSERE WELT VERÄNDERTEN

Die Beziehung zwischen Mensch und Maschine war schon immer komplex und oft gegensätzlich. Jede neue Technologie hatte unvorhergesehene Auswirkungen auf Gesellschaft, Politik und Umwelt und veränderte – manchmal innerhalb von Jahren – Lebensweisen, die Jahrhunderte überdauert hatten. Die Menschen glauben gerne, die Maschinen seien ihre Diener, aber wie der folgende Überblick über herausragende Erfindungen der letzten beiden Jahrhunderte zeigt, waren die Maschinen häufig die wahren Meister, die unser Leben, unsere Lebensgrundlagen und -weisen beeinflusst oder sogar neu gestaltet haben.

Der geschickte Mensch

Homo habilis, der vor 2,3–1,4 Mio. Jahren lebte und einen wichtigen Zweig in der Entwicklung des Menschen darstellt, unterschied sich von seinen Vorfahren durch seine überlegene Fähigkeit, Steinwerkzeuge herzustellen und zu nutzen, weshalb er auch als «handy man» resp. als «geschickter Mensch» bezeichnet wurde. Er steht am Anfang der Entwicklung, die schließlich zur Dampflokomotive, zum Staubsauger, PC und zum Hubble-Teleskop führen sollte. Dieser Überblick über beispielhafte Maschinen, die den Lauf der Geschichte veränderten, geht nicht zurück bis zur Erfindung von Faustkeil oder Rad, sondern beginnt 1801 mit der ersten erfolgreichen Automatisierung beim Weben, das vorher die Domäne geschickter Kunsthandwerker gewesen war. Seitdem haben Maschinen unaufhalt-

«Ein Werkzeug ist nur die Verlängerung der Hand, eine Maschine nur ein komplexes Werkzeug. Wer eine Maschine erfindet, steigert die Möglichkeiten des Menschen und das Wohl der Menschheit.» Henry Ward Beecher (1813–1887)

sam Einzug in unser Leben gehalten; oft zu unserem Nutzen, zuweilen aber auch zu unserem Schaden.

Während der ersten industriellen Revolution (1760–1860) veränderten Maschinen die Werkzeugherstellung (Roberts' Drehmaschine, S. 12; Whitworths Hobelmaschine, S. 24) und die Fertigung von Gebrauchsgütern, insbesondere Textilien (Jacquard-Webstuhl, S. 8; Roberts' Webstuhl, S. 20; Corliss-Dampfmaschine, S. 26), für die statt geschickter Handwerker nur noch einfache Fabrikarbeiter benötigt wurden. Die erste industrielle Revolution führte mit der Entwicklung von Dampflokomotiven und -schiffen («Rocket», S. 14; SS *Great Eastern*, S. 38) aber auch für revolutionäre Veränderungen beim Transport von Menschen und Waren.

Die zweite industrielle Revolution (1860–1914) stellte eine neue Energiequelle bereit: den elektrischen Strom (Grammescher Ring, S. 44; Parsons' Dampfturbine, S. 52; Wechselspannungsnetz von Westinghouse, S. 58). Der Einzug von Technik in Büro (Linotype, S. 46; Underwood-Schreibmaschine, S. 84; Tungsram-Glühbirne, S. 94; Candlestick»-Telefon, S. 98) und Haushalt (Singers «Schildkrötenrücken»-Nähmaschine, S. 36; «Suction Sweeper» von Hoover, S. 110) führte zu einer deutlich weitergehenden Transformation der Gesellschaft. Transport (Sicherheitsfahrrad «Rover», S. 54; Dieselmotor, S. 78; Modell T von Ford, S. 104) und Unterhaltung (Berliners Grammophon, S. 60; «Cinématographe» der Brüder Lumière, S. 66; Funktelegraf, S. 72) wurden revolutioniert.

Der Weg in die neue Welt

In der sogenannten «postindustriellen Gesellschaft» haben Maschinen die Menschen von den meisten Routinetätigkeiten in Fabriken (Industrieroboter Unimate 1900, S. 170), Haushalt (Toplader-Waschvollautomat, S. 146; «Victa»-Rasenmäher, S. 160) und Büro (IBM PC 5150, S. 200) entlastet und ihnen neue Möglichkeiten eröffnet, ihre zunehmende Freizeit zu nutzen (Bairds «Televisor», S. 130; Tonbandgerät «Ampex 200 A», S. 150; Videorekorder HR-3300EK, S. 184; Atari 2600, S. 188; Sony-«Walkman», S. 192), miteinander zu kommunizieren (Hayes Smartmodem, S. 206; Motorola StarTAC Mobiltelefon, S. 214), Energie zu produzieren (Magnox-Kernreaktor, S. 164; Vestas-Windturbine HVK 10, S. 196) und zu reisen (LZ 127 Graf Zeppelin, S. 126; Passagierflugzeug de Havilland Comet, S. 154). Nicht zuletzt haben es Maschinen den Menschen ermöglicht, ihre Welt auf Wegen zu untersuchen und zu erforschen, von denen ihre Vorfahren nicht einmal zu träumen wagten (Elektronenmikroskop, S. 138; CT-Scanner, S. 180; Saturn-V-Rakete, S. 174; Hubble-Weltraumteleskop, S. 210).

01

Entwickler:
Joseph Marie Jacquard

JACQUARD-WEBSTUHL

Industrie
Landwirtschaft
Medien
Verkehr
Wissenschaft
Computer
Energie
Haushalt

Hersteller:
Joseph Marie Jacquard

1801

Bis zur ersten industriellen Revolution war Weben ein äußerst arbeitsintensiver Prozess. Dies galt insbesondere für die Herstellung von Seidenbrokatstoffen durch die Kunsthandwerkergilden, die eigene Webstühle betrieben. Jacquards Erfindung war zwar nicht der erste Versuch, Seidenweberei zu automatisieren, aber der erste kommerziell erfolgreiche.

Joseph Marie Jacquard

Der Erfinder des Kaisers

Der Jacquard-Webstuhl ist ein guter Ausgangspunkt für unseren Überblick über die 50 Maschinen, die die Welt veränderten, weil er, wie die meisten anderen Geräte, die in diesem Buch behandelt werden, nicht die Erfindung eines Einzelnen ist, sondern die Weiterentwicklung eines viel älteren Geräts – des Trittwebstuhls –, die auf Verbesserungen früherer Erfinder aufbaut und diese mit einbezieht. Joseph Marie Charles (1752–1834), dessen Familie den Beinamen «Jacquard» erhielt, wollte die arbeitsintensive Seidenweberei automatisieren, um menschliche Fehler bei der Herstellung komplex gemusterter Textilien auszuschließen und gleichzeitig dafür zu sorgen, dass Kinder nicht länger als «Zugjungen» an den traditionellen Zwei-Mann-Zugwebstühlen beschäftigt werden mussten. Bei ersterem Ziel genoss er die Unterstützung des künftigen Kaisers Napeolon I (1769–1821), der die englische Dominanz in der Textilindustrie brechen wollte.

Der Jacquard-Webstuhl wurde zur Basis für eine weltweite Seidenindustrie. Das Bild zeigt eine Seidenbrokatfabrik in South Manchester im US-Bundesstaat Connecticut, ca. 1914.

ENTWICKLUNG DES WEBSTUHLS

Backstrap-Webrahmen	**Neolithikum**
Gewichtswebstuhl	**Neolithikum**
Trittwebstuhl	**ca. 300 v. Chr.**
Bouchon-Webstuhl	**1725**
Falcon-Webstuhl	**1728**
Vaucanson-Webstuhl	**1745**
Jacquard-Webstuhl	**1801**

Als Nachkomme einer Seidenweberfamilie aus Lyon, der Hauptstadt der französischen Seidenindustrie, war Jacquard zur richtigen Zeit am richtigen Ort. Sein erster Versuch eine verbesserte Webmaschine zu konstruieren, wurde 1801 auf der Industrieausstellung in Paris gezeigt. Aber erst, als er den mit einfachen Lochkarten arbeitenden Webstuhl gesehen hatte, den Jacques Vaucanson (1709–1782) über ein halbes Jahrhundert zuvor gebaut hatte, konnte er seine eigene Erfindung perfektionieren. Napoleon, nunmehr Kaiser von Frankreich, schaute sich den fertigen Musterwebstuhl 1805 an und gewährte daraufhin Jacquard eine Pension auf Lebenszeit. 1812 gab es in Frankreich bereits 11 000 Jacquard-Webstühle; trotz der heftigen Gegenwehr der Seidenweber, die fürchteten, mit deren Einführung ihre Lebensgrundlage zu verlieren. Jacquard gelang es zwar, die Seidenweberei zu automatisieren und auf diese Weise die Automatisierung in der industriellen Produktion einzuführen, aber sein Ziel, das Schicksal der «Zugjungen» zu verbessern, erreichte er nicht: Anstatt in der Seidenindustrie zu arbeiten, mussten sie nun gefährlichere Jobs in Mühlen und Fabriken annehmen, um ihren Lebensunterhalt zu bestreiten.

«Jaquards Erfindung führte zu einer umfassenden Revolution in der Produktion; sie bildete einen Trennstrich zwischen Vergangenheit und Zukunft; sie initiierte eine neue Ära des Fortschritts.»

François Marie de Fortis, *Eloge historique de Jacquard* (1840)

AUFBAU DES ...

JACQUARD-WEBSTUHLS

[A] Lochkartenhalter
[B] Lochkarte
[C] Kamm
[D] Kette
[E] Garnspule
[F] Rahmen
[G] Tretkurbel

WICHTIGSTES MERKMAL: DIE LOCHKARTE

Jacquard hat die Lochkarte nicht erfunden, verbesserte aber die 1728 von Jean Falcon für seinen Webstuhl eingesetzte Lochkarte für seine Webmaschine von 1805. Das Lochmuster auf der Karte ist ein einfaches «Programm», welches das fertige Muster bestimmt. Für ein 1839 gewebtes Porträt von Jacquard waren 24 000 Lochkarten erforderlich. Lochkartenwebstühle gelten als wichtiger Schritt auf dem Weg zum modernen Computer.

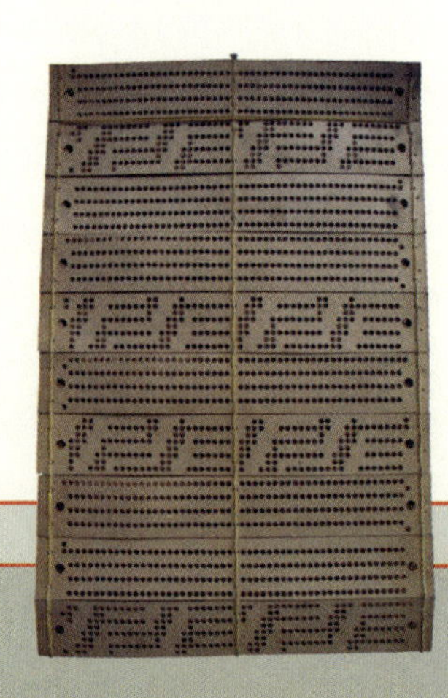

Beim Weben eines einfachen Tuchs wird der Schussfaden mit dem Schiffchen quer zu den abwechselnd angehobenen und abgesenkten Kettfäden eingetragen. Im nächsten Schritt wechseln die Kettfäden ihre Position, wonach der Schussfaden wieder eingetragen wird usw. Um ein Muster zu weben, müssen die Kettfäden selektiv angehoben und abgesenkt werden. Beim traditionellen Trittwebstuhl musste ein zweite Person, der «Zugjunge», sich um die Kettfäden kümmern. Ein komplexes Muster erforderte daher viele Mannstunden, und es bestand immer das Risiko, dass sich das Muster nicht perfekt wiederholte.

Grundlage des Jacquard'schen Mechanismus war die Lochkarte, die die für die Realisierung des Musters benötigte Information trug. Stangen mit Haken «lasen» die Lochkarten, die um ein gelochtes quadratisches Prisma liefen. In Abhängigkeit davon, ob die Stangen auf ein Loch oder auf festes Papier trafen, hoben und senkten sie die Kettfäden. Das auf diese Weise entstehende Muster war immer perfekt, und das Weben ging viel schneller als mit der traditionellen Methode. Zur Erhöhung der Kapazität trug bei, dass jeder Haken mit mehreren Fäden verbunden werden und das Muster wiederholt werden konnte.

02

Entwickler:
Richard Roberts

ROBERTS' DREHMASCHINE

Industrie
Landwirtschaft
Medien
Verkehr
Wissenschaft
Computer
Energie
Haushalt

Hersteller:
Richard Roberts

«Hammer, Feile und Meißel machten alles, erfüllten ihre Aufgabe. Roberts erkannte bald, dass ohne bessere Werkzeuge keine mechanische Genauigkeit zu erreichen war.»

The Mechanics' Magazine (1864)

1817

Richard Roberts war ein talentierter Erfinder, der eine automatische Baumwollspinnmaschine, eine Webmaschine (siehe S. 20) und den ersten Gaszähler entwickelte. Seine Karriere begann er aber mit der Konstruktion und Verbesserung von Werkzeugmaschinen, darunter eine Drehmaschine. Diese ist Thema des vorliegenden Kapitels.

Richard Roberts

Schraubendrehen

Wenn wir eine Liste der wichtigsten Maschinen des 19. Jh. erstellen, denken wir vermutlich an Dampfmaschinen, Lokomotiven und Webmaschinen, aber sie alle hätten ohne Werkzeugmaschinen, die nicht nur die Arbeit beschleunigten und Arbeitskraft und Kosten einsparten, sondern auch Genauigkeit bei der Herstellung standardisierter Komponenten gewährleisteten, nicht gebaut werden können. Vor dem 19. Jh. wurden Holz und Metall mit Werkzeugen, die sich seit dem Mittelalter kaum verändert hatten, geglättet, gefräst und gebohrt. Angeregt durch die Anforderungen des Industriezeitalters, entwickelten britische Erfinder eine Vielzahl höchst präzise arbeitender Werkzeugmaschinen. Der talentierteste und produktivste unter ihnen war Richard Roberts (1789–1864), der von seinen Zeitgenossen als «einer der wahren Pioniere auf dem Feld der modernen mechanischen Maschinen» bezeichnet worden ist.

Bei einer Drehmaschine rotiert ein Werkstück aus Holz und Metall um seine eigene Achse, sodass es mit einem entsprechenden Werkzeug geschnitten, geschliffen, gebohrt oder gefräst werden kann. Typische Gegenstände, die mit einer Drehmaschine hergestellt werden, sind hölzerne Tischbeine und Nockenwellen aus Metall. Roberts ging es 1817 darum, Metallkomponenten mit viel höherer Präzision herzustellen, als es mit traditionellen Methoden möglich war. Als Material für seine 1,8 m lange Drehmaschine wählte er Gusseisen, um Genauigkeit auch bei der Bearbeitung von Schwermetallen zu gewährleisten. Sie bestand aus einem Maschinenbett mit einem verschiebbaren schraubengetriebenen Schlitten, der den Werkzeughalter trug, einem Spindelstock und einem Reitstock, der das Werkstück hielt, einer Riemenscheibe für den Riemenantrieb und einem Vorgelege, um die Arbeitsgeschwindigkeit zu variieren. Auch wenn sie nicht so beeindruckend ist wie Stephensons «Rocket» (siehe S. 14), spielte Roberts' Drehmaschine vermutlich eine weit bedeutendere Rolle, indem sie die Voraussetzung für die Herstellung standardisierter Komponenten schuf, die die Massenproduktion überhaupt erst ermöglichten.

03

Entwickler:
George Stephenson

STEPHENSONS «ROCKET»

Industrie

Landwirtschaft

Medien

Verkehr

Wissenschaft

Computer

Energie

Haushalt

Hersteller:
Robert Stephenson & Co.

1829

Stephensons «Rocket» war nicht die erste Lokomotive, aber unzweifelhaft die kultigste unter den frühen Dampfloks. Sie war der klare Sieger der Rennen von Rainhill (1829), die darüber entschieden, welche Lok die Wagen auf der Strecke von Liverpool nach Manchester ziehen würde, der ersten Schienenverbindung für Fracht- und Passagiertransport in Großbritannien. Sie ging 1830 in Betrieb, 5 Jahre nach der ersten öffentlichen Eisenbahn der Welt zwischen Stockton und Darlington 1825.

Stephensons Versuch und Triumph

Im Oktober 1829 fand eines der bedeutsamsten Ereignisse des frühen Eisenbahnzeitalters statt: die «Rainhill Trials» oder «Rennen von Rainhill». Preis war der Vertrag zum Bau von Lokomotiven für den Transport von Passagieren und Fracht auf der ersten Eisenbahnstädteverbindung in Großbritannien, der «Liverpool and Manchester Railway (L&MR)». Heute entspräche der Bedeutung dieses Ereignisses ein Wettflug einer Boeing 747-400 und eines Airbus A380 auf der Strecke London–New York. Schauplatz des Rennens war ein Gleisstück in der Nähe von Rainhill, einem Dorf 15 km östlich des Hafens von Liverpool.

Die «Trials», die zwischen dem 7. und 14. Oktober stattfanden, erregten großes öffentliches Interesse; Honoratioren, Scharen von Schaulustigen und Vertreter der nationalen Presse waren anwesend. Neben dem Preisgeld von 500 £ winkten dem Sieger nicht nur der Vertrag für die neue Eisenbahnlinie, sondern auch nationales und internationales Ansehen und zweifellos lukrative Aufträge für viele Jahre. Unter den fünf Wettbewerbern, darunter mit der pferdegezogenen «Cycloped» ein Rückgriff auf frühere Zeit, waren die «Rocket» von George Stephenson (1781–1848) und seinem Sohn Robert (1803–1859), die «Sans Pareil» und die «Novelty» die Hauptkonkurrenten. Die Wettbewerbsregeln sahen ein Maximalgewicht und bestimmte Konstruktionsmerkmale vor. Zu befahren war eine Strecke von 56 km Länge, mit und ohne Ladung, um Durchschnittsgeschwindigkeit und Treibstoffverbrauch zu ermitteln.

The Novelty

The Sans Pareil

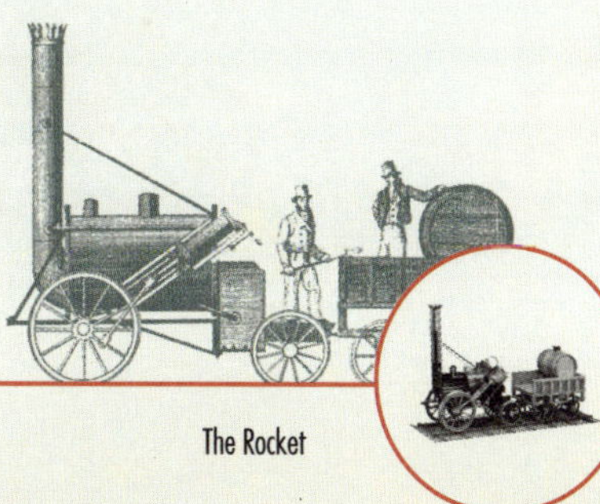

The Rocket

In der veränderten Version der «Rocket» von 1830 waren Kolben und Zylinder horizontal angeordnet, was die Stabilität erhöhte. Diese Anordnung wurde bei späteren Lokomotiven zum Standard.

Die «Sans Pareil» wurde zugelassen, obwohl sie über dem zulässigen Gesamtgewicht lag. Sie konnte leistungsmäßig mit der «Rocket» mithalten, bis ein Zylinder kaputt ging und sie aufgeben musste. Echte Konkurrenz stellte hingegen die «Novelty» dar, die das Publikum mit der unerhörten Geschwindigkeit von 51,5 km/h überraschte – und das mit voll beladenem Waggon. Wegen technischer Schwierigkeiten musste aber auch sie aufgeben. Die «Rocket» war die einzige Lokomotive, die alle Rennen bestritt; wenn auch mit der relativ bescheidenen Durchschnittsgeschwindigkeit von 20 km/h mit Ladung resp. mit 38,5 km/h mit einem Waggon und Passagieren.

«Die ‹Rocket› hat gezeigt, dass eine neue Kraft geboren wurde, voller Aktivität und Stärke, mit einer unendlichen Arbeitskapazität. Es war die einfache, aber bewunderungswürdige Erfindung des Dampfstoßes und seiner Kombination mit dem vielröhrigen Kessel, die unmittelbar der Fortbewegung Dynamik verlieh und den Triumph der Eisenbahn sicherte.» **Samuel Smiles, *The Life of George Stephenson* (1860)**

Der autodidaktische Ingenieur

George Stephenson, als «Vater der Eisenbahn» bejubelt, wurde zu einer Zeit geboren, als es noch keine Berufsfachschulen, Fachhochschulen oder Universitäten gab, die Naturwissenschaften und Maschinenbau unterrichteten. Der Sohn eines Grubenarbeiters begann sein Leben unter bescheidendsten Umständen und erhielt nur wenig fomale Bildung. Mit 14 bekam er einen Job als Bremser einer Grubenbahn, später als Heizer auf einer Lok in einer Kohlenmine. Als Autodidakt begann er, Reparaturen an der Lok auszuführen, auf der er fuhr. 1803 wurde sein Sohn Robert, sein späterer Geschäftspartner, geboren. 1816 baute Stephenson seine erste Lok, die «Blücher», benannt nach dem preußischen General, der dem Herzog von Wellington (1769–1852) ein Jahr zuvor geholfen hatte, Napoleon bei Waterloo zu besiegen. Wie die meisten Loks ihrer Zeit, wurde sie zum Kohlentransport in einem Kohlebergwerk genutzt.

Vom Bau von Loks wandte sich Stephenson der Konstruktion ganzer Eisenbahnstrecken zu – immer noch nur wenige Kilometer lang – einschließlich Brücken und Tunnels, ebenso einem gusseisernen Ersatz für die hölzernen Schienen, die das Gewicht der ständig schwerer werdenden Loks nicht mehr tragen konnten. Stephenson gewann nationale Reputation mit der Planung und dem Bau der 42 km langen «Stockton and Darlington Railway (S&DR)», die 1825 eröffnet wurde und als weltweit erste Eisenbahn sowohl zahlende Passagiere als auch Fracht transportierte. Stephenson baute für die S&DSR mehrere Loks, darunter die «Locomotion». Bei der Jungfernfahrt beförderte Letztere 600 Passagiere mit einer Geschwindigkeit von 16–19 km/h – aus unserer Sicht ein Schneckentempo, aber erstaunlich für ein Publikum, das gewohnt war, zu Fuß oder mit langsameren und rumpeligen Postkutschen zu reisen. Das Eisenbahnzeitalter hatte begonnen.

Der als «Vater der Eisenbahnen» gefeierte George Stephenson verließ die Schule mit 14 Jahren und war Autodidakt.

1781 – 1848

George Stephenson

Die erste Eisenbahntragödie

Stephensons Sieg begründete seine Reputation als führender Lokhersteller der Welt. Die L&MR wäre jedoch fast nicht gebaut worden. Als George Stephenson die Vermessung der Strecke einem Mitarbeiter anvertraute, hätte das Parlament das Projekt beinahe gestoppt, weil sich die Vermessung als ungenau erwies. Zusätzlich sah sich die Eisenbahn heftiger Gegenwehr vonseiten der Landeigentümer ausgesetzt, die nicht wollten, dass die Strecke über ihr Land führte, und von Eigentümern der Kanäle, auf denen bis dahin die Schwerlasten transportiert worden waren. Stephenson wurde entlassen, aber ein Jahr später wieder eingesetzt.

Die 56 km lange Strecke, die 1830 fertiggestellt wurde, umfasste viel Neues: den ersten Tunnel unter einer Stadt, einen 21 m tiefen Einschnitt, 64 Brücken und Viadukte und einen 7,5 km langen Abschnitt, der auf der Oberfläche eines Moors, des Chat Moss, «schwamm». Bei der Streckeneröffnung waren viele Honoratioren anwesend, darunter der Premierminister, der Herzog von Wellington. Während einer Pause stieg der Abgeordnete William Huskisson (1770–1830) aus dem Zug und ging die Strecke entlang, um mit dem Herzog zu sprechen. Tragischerweise bemerkte er nicht, dass die «Rocket» auf dem anderen Gleis auf ihn zufuhr. In Panik fiel er auf das Gleis, die Lokomotive zerquetschte sein Bein. Wenige Stunden später erlag er seinen Verletzungen, obwohl er per Zug zur medizinischen Behandlung gebracht wurde, also gleichzeitig die erste verletzte Person war, die mit dem Zug transportiert wurde, als auch das erste Passagieropfer.

DAMPFLOKOMOTIVEN

Murdochs Dampflok	**1784**
Trevithicks «Pen-y-Darren»-Lok	**1804**
Murrays «Salamanca»	**1812**
Stephensons «Blücher»	**1816**
Stephensons «Locomotion»	**1825**
Hackworths «Royal George»	**1827**
Stephensons «Rocket»	**1829**

Die «Rocket» transportierte Passagiere und Fracht auf der ersten städteverbindenden Eisenbahnlinie.

STEPHENSONS «ROCKET»

Anders als spätere Lokomotiven, deren Gewicht sich auf sechs Räder verteilte, hatte die «Rocket» vier Räder und einen vierrädrigen Tender für Kohle und Wasser. Der Dampf wurde von einer Feuerbüchse von 61 × 91 cm, die einen Röhrenkessel von 180 × 91 cm erhitzte, produziert. Die «Rocket» hatte zwei 35° geneigte Zylinder, und der Kolben trieb das Vorderradpaar mit einem Durchmesser von 1,46 m mit Treibstangen an. Die Hinterräder, die von den Antriebsrädern entkoppelt waren, hatten einen Durchmesser von 79 cm. Bei früheren Lokomotiven standen die Kolben oft vertikal, was dazu führte, dass die Lok schwankte. Der Winkel der Kolben verbesserte die Stabilität. Beim Modell von 1930 wurden die Zylinder horizontal angeordnet, was sich bald zum Standard entwickelte. Die «Rocket» hatte zwei Sicherheitsventile und ein Blasrohr, das Abdampf von den Zylindern in den Schornstein blies, sodass dort ein Unterdruck entstand, der das Feuer anfachte.

[A] Feuerbüchse
[B] Röhrenkessel
[C] Schornstein
[D] 35° geneigte Zylinder
[E] Treibstangen
[F] Sicherheitsventile
[G] Blasrohr
[H] Kohlentender
[I] Wasserbehälter

WICHTIGSTES MERKMAL:
DER RÖHRENKESSEL

Eine der größeren Neuerungen der «Rocket» war der Röhrenkessel mit 25 Kupferröhren mit einem Durchmesser von 7,6 cm statt des vorher verwendeten Einzelrohrs. Das vergrößerte die Wärmeaustauschfläche beträchtlich, machte die Lok viel effizienter und kräftig genug, um schwere Lasten zu ziehen. Später wurde die Zahl der Röhren noch vergrößert.

04

Entwickler:

Richard Roberts

ROBERTS' WEBSTUHL

Industrie

Landwirtschaft

Medien

Verkehr

Wissenschaft

Computer

Energie

Haushalt

Hersteller:

Sharp, Roberts and Co.

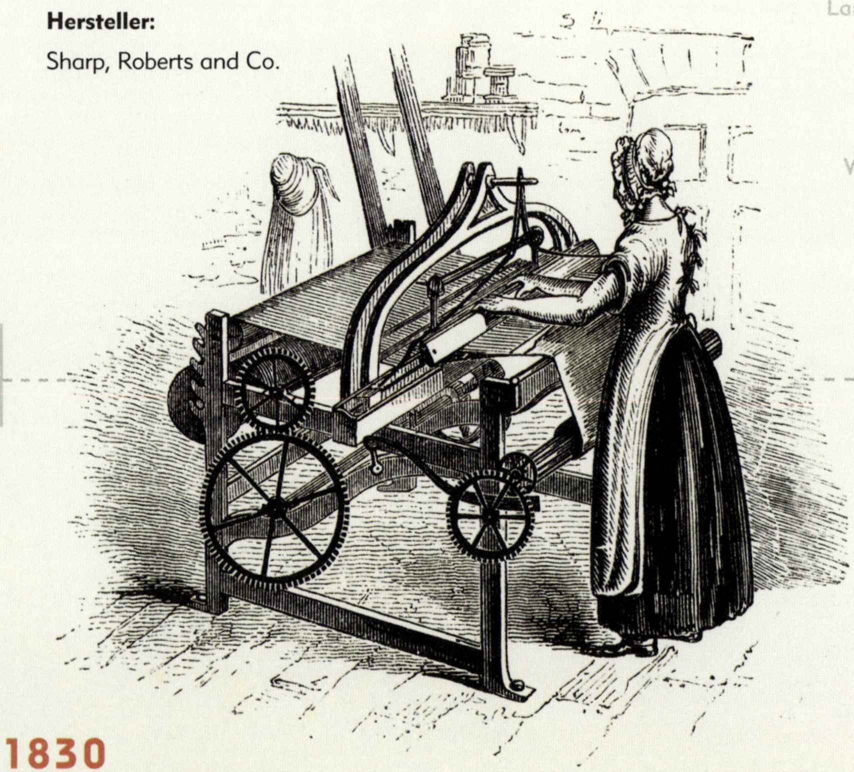

1830

Der erste Maschinenwebstuhl wurde 1895 gebaut, aber erst Roberts' Erfindung rund ein halbes Jahrhundert später läutete die Ablösung der Handwebstühle in Großbritannien ein. Wie seine Werkzeugmaschinen, war auch sein mechanischer Webstuhl sowohl solide als auch hochgenau gebaut, mit standardisierten Teilen, die in großen Stückzahlen produziert werden konnten.

Webpionier und Wehrdienstverweigerer

Dem britischen Ingenieur und Erfinder Richard Roberts (1789–1864) begegneten wir das erste Mal, als wir uns mit seiner Drehmaschine (siehe S. 12) befassten. Bei Konstruktion und Bau von Maschinen für die Textilindustrie zeigt er denselben Erfindungsreichtum. Seine Maschinen waren keine Einzelstücke, sondern wurden unter Verwendung standardisierter Komponenten hergestellt, die mit höchster Präzision in großer Stückzahl produziert werden konnten. Bereits 1925 hatte Roberts' mit einer vollautomatischen Baumwollspinnmaschine das Spinnen mechanisiert. Spinn- und Webmaschine trugen dazu bei, dass die Stoffproduktion, bisher Kunsthandwerk, ein mechanisierter industrieller Prozess wurde. Roberts gusseiserne Webstühle waren sowohl robust als auch zuverlässig und wurden in den Webereien in Lancashire in großer Zahl eingesetzt. Mit der Einführung des Lancashire-Webstuhls wurde das Weben 12 Jahre später voll automatisiert.

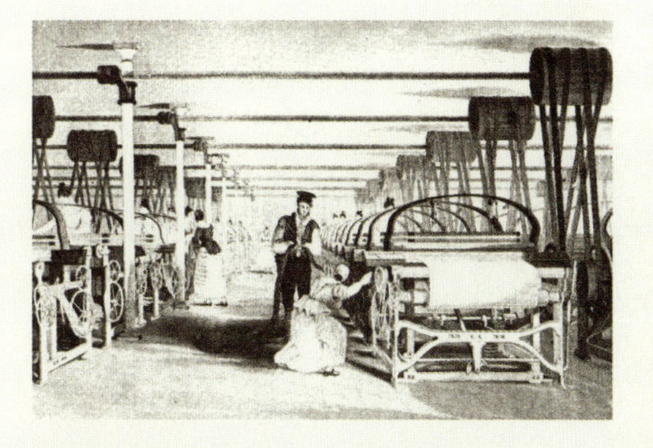

Die Mechanisierung des Webens führte zu einem dramatischen Rückgang der Beschäftigtenzahlen.

MECHANISCHE WEBSTÜHLE

Cartwrights Webstuhl	1785
Radcliffes Webstuhl	1802
Horrocks' Webstuhl	1813
Moodys Webstuhl	1815
Roberts' Webstuhl	1830

Wie viele seiner Zeitgenossen stammte Roberts aus bescheidenen Verhältnissen. Der Sohn eines Schuhmachers aus dem Dorf Llanymynech an der Grenze zwischen Wales und England wurde vom Gemeindepfarrer unterrichtet. Zunächst arbeitete er am Ellesmeerekanal, dann in einem Kalksteinbruch. In seinen Zwanzigern fand er Arbeit als Modellbauer in einem Hüttenwerk und stieg später zum Vorarbeiter auf. Um der Einberufung ins Militär zu entgehen und nicht gegen Napeoleon in den Kampf geschickt zu werden, ging er nach Manchester, wo er als Dreher und Werkzeugbauer tätig war. Immer noch als Kriegsdienstverweigerer verfolgt, zog er nach London und arbeitete dort bei Henry Maudslay (1771–1831), einem der Pioniere der britischen Werkzeugmaschinenindustrie, aus dessen Betrieb einige der begabtesten Ingenieure ihrer Generation hervorgingen. Nach dem Kriegsende 1815 kehrte Roberts nach Manchester zurück und gründete seine eigene Firma. Trotz seiner technischen Fähigkeiten scheiterte Roberts als Geschäftsmann. Anders als sein großer Zeitgenosse Joseph Whitworth (siehe nächstes Kapitel) und trotz vieler Patente und erfolgreicher Erfindungen, starb er in Armut.

«Roberts' Verbesserungen des Webstuhls bedeuteten zu ihrer Zeit einen sehr deutlichen Fortschritt.»

Richard Marsden, *Cotton Weaving: Its Development, Principles and Practices* (1895)

Aufbau von ...

Roberts' Webstuhl

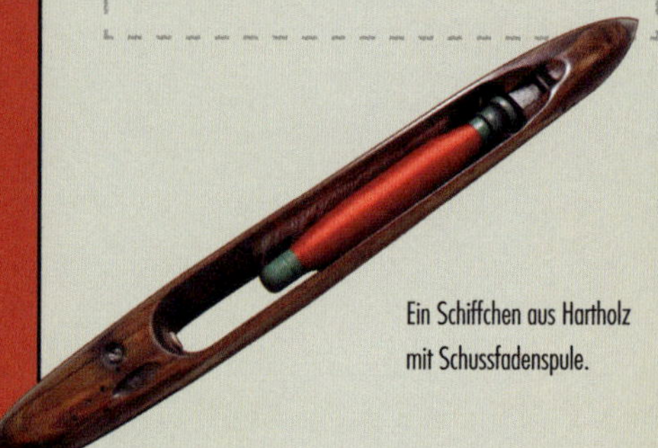

Ein Schiffchen aus Hartholz mit Schussfadenspule.

[A] Gestell aus Gusseisen
[B] Webblatt
[C] Kettbaum
[D] Streichbaum
[E] Litzen
[F] Warenbaum
[G] Brustbaum

Wesentliches Merkmal:
Garngeschwindigkeits-regelung

Nach Marsdens «Cotton Weaving» (1895) war das originellste Merkmal der Webmaschine von Roberts, 1822 patentiert, ein spezieller Mechanismus, der die Geschwindigkeit des Garns an den zunehmenden Durchmesser des Warenbaums (der Rolle, auf die der fertige Stoff aufgewickelt wird) anpasste, wodurch der Stoff immer straff gespannt war und die Schussfäden nicht auf durchhängende Kettfäden treffen und dadurch beschädigt werden konnten.

Eine traditionelle Schützenwebmaschine führt vier grundlegende Schritte aus: (1) Das Heben der Kettfäden durch die Litzen, sodass der Schütze passieren kann (was automatisch mithilfe des Jacquard-Mechanismus kontrolliert werden kann); (2) das Aufnehmen, d. h. das Passieren des Schützen von der einen Seite zur anderen sowie das Weben einer Kante; (3) das Anschlagen, das den neu eingetragenen Schussfaden gegen das bereits fertige Gewebe drückt, und schließlich (4) das Aufwickeln, d. h. das Aufrollen des fertigen Stoffs auf den Warenbaum und das Freisetzen des Kettfadens von den Kettbäumen. Diese vier Schritte wurden in der Webmaschine von Roberts automatisiert.

Vor Roberts' Erfindung bestanden die Webstühle aus Holz; Roberts führte einen stabilen Rahmen aus Gusseisen ein, der aus standardisierten Komponenten bestand. Das machte die Produktion nicht nur weniger kostspielig, sondern erleichterte auch den Unterhalt der Maschine, denn wenn etwas kaputtging, musste das zu ersetzende Teil nicht neu hergestellt werden. Eine der größten Herausforderungen für frühe Webmaschinenkonstrukteure war es, in der ganzen Maschine eine einheitliche Spannung aufrechtzuerhalten, um das Reißen von Kettfäden zu vermeiden, was Roberts mit seiner neuen Garngeschwindigkeitsregelung erreichte. Die Webmaschine hatte außerdem eine eingebaute Bremse und einen Abstellmechanismus. Zwei Hebel an der Seite des Rahmens warfen den Schützen; wenn dieser in den Schützenkasten fuhr, drückte er einen Hebel, der als Bremse wirkte. Wenn jedoch der Hebel nicht niedergedrückt wurde, beispielsweise weil der Faden gebrochen und der Schütze nicht in den Kasten zurückgekehrt war, hielt die Webmaschine an.

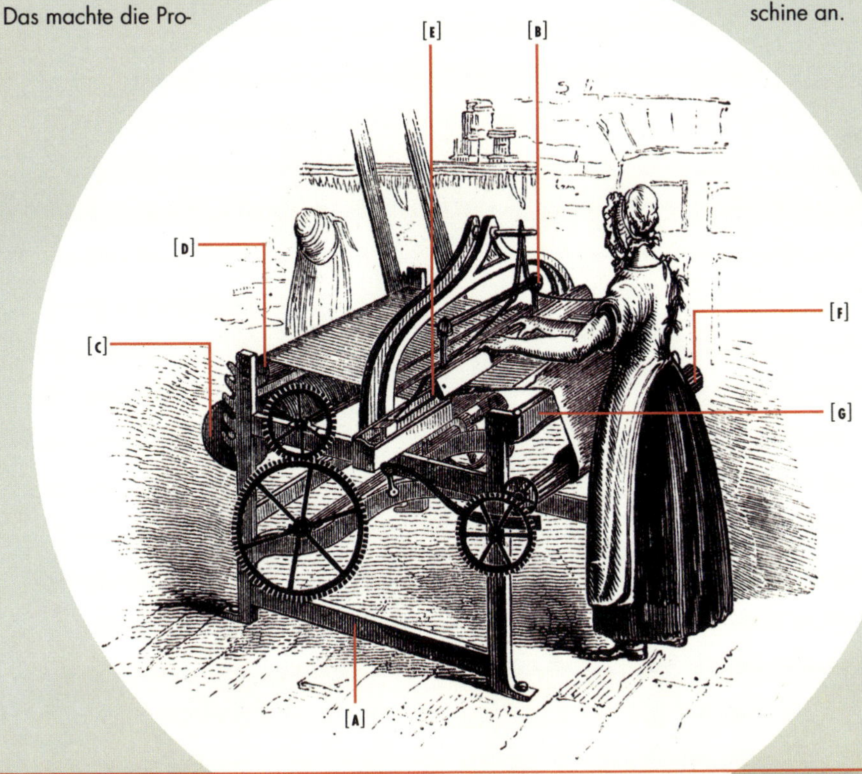

05

Entwickler:
Joseph Whitworth

WHITWORTHS HOBELMASCHINE

Industrie
Landwirtschaft
Medien
Verkehr
Wissenschaft
Computer
Energie
Haushalt

Hersteller:
Joseph Whitworth and Co.

«[Herr Whitworth] verlieh der Hobelmaschine einen Grad an Genauigkeit und mechanischem Finish, das schwerlich übertroffen werden kann.»
THE ENGINEER (BRITISCHE ZEITSCHRIFT), 1863

1842

Joseph Whitworth

Wie sein Zeitgenosse und ehemaliger Kollege Richard Roberts, begann Joseph Whitworth seine Karriere mit der Produktion von Hochpräzisionswerkzeugmaschinen, darunter einer Gewindeschneidmaschine und einer Hobelmaschine. Er ist für viele Errungenschaften bekannt, darunter auch für den ersten britischen Standard für Schraubengewinde.

Glatt für das Auge

Zwei Maschinen dominieren die frühe Werkzeugmaschinenindustrie: die Drehmaschine, von der ein Beispiel weiter vorne vorgestellt wurde, und das Objekt dieses Kapitels, die Hobelmaschine, entwickelt von Joseph Whitworth (1803–1887). Handhobel für Holzarbeiten sind seit frühester Zeit bekannt. Um aber eine völlig ebene Metalloberfläche zu erreichen, ist der Handhobel ungenügend. Trotz Kunstfertigkeit und Sorgfalt ließ sich mit Handarbeit nicht die Genauigkeit und Standardisierung erreichen, die für die Massenproduktion erforderlich war.

Die genaue Geschichte der Hobelmaschine lässt sich nur schwer rekonstruieren und mehrere Leute reklamieren ihre Erfindung und spätere Verbesserung für sich. Bei frühen Modellen war das Werkstück auf einem Tisch unter dem hängenden Meißel befestigt. Der Tisch bewegte sich vor und zurück, sodass der Meißel eine Stelle auf der Metalloberfläche abheben konnte, und verschob dann den Meißel seitlich, um einen überlappenden Schnitt auszuführen. Mit Hobelmaschinen stellte man plane Oberflächen für eine Vielzahl von Maschinen her, darunter Dampfmaschinen, Loks und Textilmaschinen. Auch wenn Whitworth nicht der erste war, der eine Hobelmaschine konstruierte, so galt seine angetriebene Variante als eine der besten – sie arbeitete präziser als ihre Vorgänger und Wettbewerber und war leichter zu bedienen.

Anders als Richard Roberts, der verarmt starb, war Whitworth wirtschaftlich erfolgreich und stellte neben Werkzeugmaschinen Rüstungsgüter für die britische Armee im Krimkrieg (1853–1856) her. Er häufte ein beträchtliches Vermögen an, von dem er einen Teil für den Ausbau des technischen Unterrichts einsetzte, indem er das neu entstandene «Manchester Mechanics' Institute» (heute UMIST) förderte und die «Manchester School of Design» gründete.

Entwickler:

George Corliss

CORLISS-DAMPFMASCHINE

Industrie

Landwirtschaft

Medien

Verkehr

Wissenschaft

Computer

Energie

Haushalt

Hersteller:

Corliss, Nightingale and Co.

1849

Die Dampfmaschine war eine alte griechische Erfindung, wurde aber nicht vor Ende des 17. Jh. für den praktischen Gebrauch weiterentwickelt. Zunächst eine Ergänzung zur Wasserkraft, wurde Dampf schließlich die Hauptenergiequelle der ersten industriellen Revolution. Die hocheffiziente Dampfmaschine von Corliss stand am Ende dieser Entwicklung. Sie trieb Mühlen und Fabriken an, die nun nicht mehr in Wassernähe liegen mussten.

George Corliss

Amerikas James Watt

Bisher haben wir in diesem Buch die Erfindungen eines Franzosen und dreier Briten betrachtet. Mit der Corliss-Dampfmaschine beschäftigen wir uns in diesem Kapitel mit einer der ersten der vielen herausragenden Erfindungen aus Amerika. Bei der Betrachtung der ersten industriellen Revolution ist das Übergewicht britischer Erfinder und Ingenieure so groß, dass man leicht vergisst, dass Technologien auch in anderen Teilen der Welt entwickelt wurden. Die 1776 aus 13 ehemaligen britischen Kolonien gegründeten Vereinigten Staaten sollten schnell aufholen und es mit der industriellen Leistung Großbritanniens aufnehmen können.

1690 in Frankreich entwickelt, wurde die stationäre Dampfmaschine in England durch Thomas Newcomen (1664–1729) wirtschaftlich nutzbar gemacht und in der Folgezeit verbessert, insbesondere durch James Watt (1736–1819). Auch wenn an Watts Modell in den folgenden Jahrzehnten viele Verbesserungen angebracht wurden, wurde George Corliss (1817–1888), der seine Dampfmaschine 1849 zum Patent anmeldete, als rechtmäßiger Nachfolger angesehen. Corliss wurde als Sohn eines Landarztes im Hinterland von New York geboren. An den Standards seiner Zeit gemessen erhielt er eine gute Bildung, bei der Maschinenbau aber keine Rolle spielte. Nach Abschluss seines Studiums eröffnete er ein Geschäft.

STATIONÄRE DAMPFMASCHINE

Papin-Dampfmaschine	1690
Dampfpumpe von Savery	1698
Newcomensche Dampfmaschine	1712
Watts Niederdruckdampfmaschine	1765
Watts doppeltwirkende Dampfmaschine	1784
Trevithicks Hochdruckdampfmaschine	ca. 1800
Corliss-Dampfmaschine	1849

Nach drei Jahren entschloss sich Corliss, seinem Interesse an Technik nachzugeben. 1842 meldete er eine Nähmaschine für Schuhe und schweres Leder zum Patent an. Zwei Jahre später zog er nach Providence, wo er sich Unterstützung für seine Nähmaschine erhoffte. Er fand eine Stelle als Konstrukteur, wandte sich aber bald einem neuen Projekt zu, der Verbesserung stationärer Dampfmaschinen, die hauptsächlich dazu genutzt wurden, Pumpen für Wassermühlen anzutreiben. Auch nach sechs Jahrzehnten waren sie noch ineffizient, ihre Verwendung teuer.

«1876 war Corliss' Konstruktion als einer der wichtigsten aller amerikanischen Beiträge zur Entwicklung von Dampfmaschinen anerkannt.»

F. R. Bryan und S. Evans, *Henry's Attic* (2006)

Die Maschine der Weltausstellung 1876

Corliss begann mit der Produktion seiner verbesserten stationären Dampfmaschine 1848 und ließ sich seine revolutionäre Drehschiebersteuerung ein Jahr später patentieren. Er verwendete standardisierte Teile, was den Einstandspreis und die Instandhaltungskosten senkte und sie für Mühlen- und Fabrikbesitzer erschwinglich machte. Hauptverkaufsargument war ihre Sparsamkeit: Sie verbrauchten rund 30 % weniger Kraftstoff als Konkurrenzprodukte. Zum ersten Mal waren Mühlen nicht mehr von Wasserkraft abhängig und konnten abseits von Mühlenteichen, Kanälen und Flüssen errichtet werden. Zusammen mit den vielen Immigranten, die bereit waren, für geringe Löhne zu arbeiten, bildeten die Corliss-Dampfmaschinen die Grundlage für die Stärke der amerikanischen Industrie im späten 19. und frühen 20. Jahrhundert.

Der Höhepunkt von Corliss' Karriere war die Auswahl einer seiner Maschinen zur Energieversorgung der gesamten Weltausstellung 1876 in Philadelphia. Sie war mit 14 m Höhe die größte ihrer Art im 19. Jahrhundert. Ihre beiden 1,1-m-Zylinder, die ein Schwungrad mit 9,1 m Durchmesser antrieben, erzeugten 1400 PS. Corliss-Dampfmaschinen waren so effizient, zuverlässig und ökonomisch, dass im 21. Jahrhundert immer noch einige in der Brennerei-Industrie in Gebrauch sind.

Eine einzelne riesige Corliss-Dampfmaschine versorgte die gesamte Weltausstellung in Philadelphia 1876 mit Energie.

CORLISS-DAMPFMASCHINE

Auf den ersten Blick waren Corliss-Dampfmaschinen stationäre Dampfmaschinen von üblichem Aufbau, mit einem oder mehreren Kolben, die ein Schwungrad antrieben, das sich rund 100 Mal pro Minute drehte. Sie waren unterschiedlich groß. Die größte war die gigantische «Centennial Engine» der Weltausstellung 1876 mit 14 m Höhe und einem Schwungraddurchmesser von 9,1 m. Sie trieben Mühlen an, was deren Abhängigkeit von Wasserkraft beendete. Später dienten sie der Erzeugung von Elektrizität. Ihren Vorläufern so überlegen machte Corliss' Maschinen die von ihm erfundene Drehschiebersteuerung.

WICHTIGSTES MERKMAL:

CORLISS-STEUERUNG

Bei Corliss-Dampfmaschinen ist jeder Zylinder mit vier Rundschiebern ausgestattet, davon je ein Einlass- und Auslassschieber an den einander gegenüberliegenden Enden. Zu Beginn des Zyklus befindet sich der Kolben an einem Ende des Zylinders, linker Auslassschieber und rechter Einlassschieber sind offen. Dampf schiebt den Kolben an das andere Ende des Zylinders. Auf halbem Weg schließt sich der rechte Einlassschieber. Ist der Kolbenhub beendet, öffnen sich der rechte Auslassschieber und der linke Einlassschieber. Der Dampf rechts vom Kolben kann entweichen, während links Dampf einströmen kann und den Kolben bewegt. Auf halbem Weg schließt sich der Einlassschieber, die Ausdehnung des Dampfs schiebt den Kolben an das Ende des Zylinders, der Kreislauf ist geschlossen.

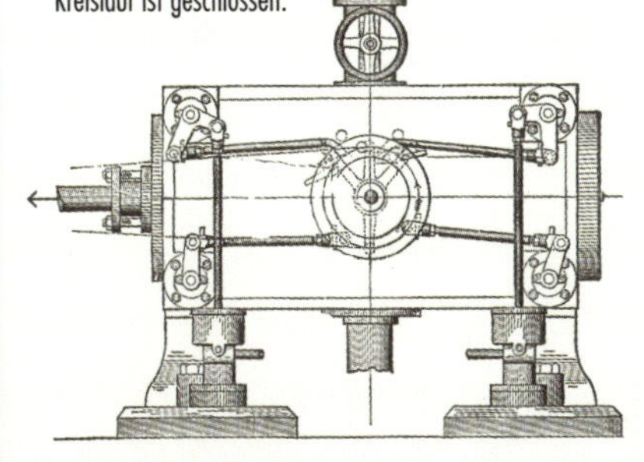

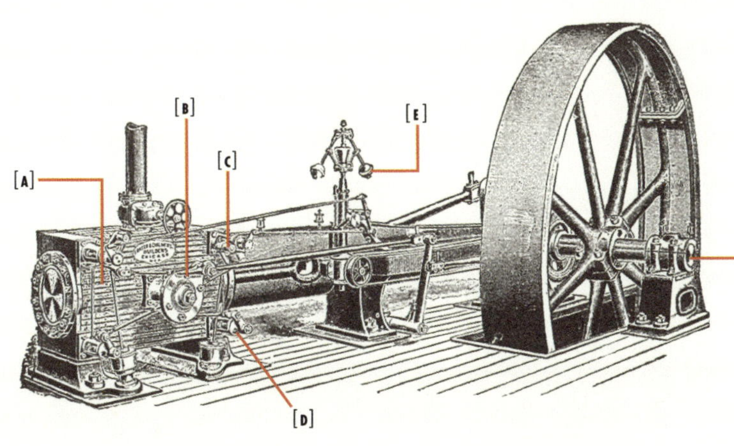

[A] Dampfzylinder
[B] Drehscheibe
[C] Dampfeinlassschieber
[D] Dampfauslassschieber
[E] Fliehkraftregler
[F] Kurbelwelle (Ventil-Exzenter)

07

Entwickler:
Charles Babbage

BABBAGES DIFFERENZ-MASCHINE

Industrie
Landwirtschaft
Medien
Verkehr
Wissenschaft
Computer
Energie
Haushalt

Hersteller:
Per Georg Scheutz

1855

Als Folge der industriellen Revolution benötigten Wissenschaftler, Ingenieure, Kapitalgeber, Vermesser und Navigatoren genaue mathematische und astronomische Tabellen für ihre Berechnungen. Solche Tabellen wurden jedoch von Hand gesetzt und waren voll von Fehlern, was den Mathematiker und Erfinder Charles Babbage dazu veranlasste, mehrere «Maschinen» zu konstruieren, um das Problem zu lösen.

Der dampfgetriebene Computer

Anders als die übrigen in diesem Buch behandelten Maschinen, ist die in diesem Kapitel vorgestellte die einzige, die nie so gebaut wurde, wie sie von ihrem Erfinder Charles Babbage (1791–1871) erdacht worden war. Erst zu seinem 200. Geburtstag 1991 wurde seine «Difference Engine No. 2» im Auftrag des Londoner Science Museum detailgetreu realisiert. Dass die Maschine zu Babbages Lebzeiten nicht gebaut werden konnte, lag jedoch nicht an Geldmangel oder mangelnder Begeisterung der Kollegen. Die britische Regierung, üblicherweise nicht als großzügig bekannt, steckte die seinerzeit beträchtliche Summe von 17 000 Pfund in das Projekt und zog schließlich nach 10 Jahren den Schlussstrich, als klar wurde, dass die ursprüngliche Maschine nie fertig werden würde, weil ihr Erfinder damit begonnen hatte, eine noch ambitioniertere «Analytical Engine» zu konstruieren, die, wäre sie je gebaut worden, der erste Computer der Welt gewesen wäre.

Das Interesse der britischen Regierung war jedoch nicht von Menschenfreundlichkeit oder dem Streben nach purer Wissenschaft getrieben. Zu Beginn des 19. Jahrhunderts hatten Ingenieure, Buchhalter, Bankleute, Vermesser, Wissenschaftler, Seefahrer und das Militär alle dringenden Bedarf an genauen mathematischen und astronomischen Tabellen als Grundlage für ihre Berechnungen. In seinem Artikel von 1823 über die Differenzmaschine listete der Astronom Francis Baily 12 mathematische Tabellen auf, darunter Logarithmen, Quadrat- und Kubikzahlen, sowie mehrere astronomische Tabellen, die als Navigationshilfe verwendet wurden, in denen er zahlreiche Fehler gefunden hatte, die meistens im Druckstadium entstanden waren. Babbage, Mathematikprofessor und erfolgreicher Erfinder, wiederholte Bailys Bedenken, als er 1821 verärgert schrieb:

«Bei Gott, ich wünschte, diese Berechnungen wären mit Dampf ausgeführt worden.»

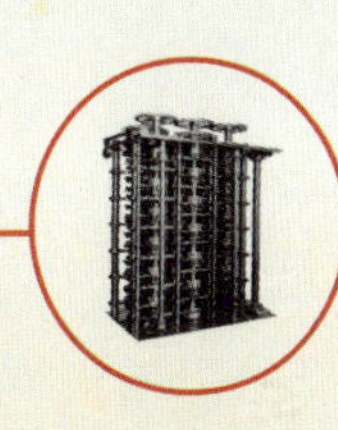

«Das Ziel, das Herr Babbage bei der Konstruktion seiner Maschine im Blick hat, sind Zusammenstellung und Druck von mathematischen Tabellen aller Art, jedes Exemplar völlig fehlerfrei.»

FRANCIS BAILY, *ASTRONOMISCHE NACHRICHTEN* (1823)

Es lebe die Differenz!

Die beiden Differenzmaschinen (glanzlos als «1» und «2» bezeichnet) sollten automatische, kurbelbetriebene mechanische Rechenmaschinen sein, dazu bestimmt, fehlerfreie Tabellen zu erstellen, indem sie Isaac Newtons (1642–1727) Schema der dividierten Differenzen benutzten, um dann Formen für Druckmaschinen zu produzieren. Babbage wählte diese Methode, da sie keine mechanisch schwer zu konstruierenden Multiplikationen oder Divisionen benötigt, sondern vollständig auf Addition beruht (wobei Substraktion wie bei einem modernen Computer als Addition negativer Zahlen umgesetzt wird). Babbages «Difference Engine No. 2» konnte acht 31-stellige Zahlen speichern und Polynome siebter Ordnung exakt tabellieren.

Das Schema der dividierten Differenzen stützt sich auf die Tatsache, dass die Differenzierung die Ordnung eines Polynoms um 1 reduziert. Wenn man dies wiederholt, erhält man ein Polynom nullter Ordnung, d. h. eine Konstante. Die Tabelle unten illustriert die Methode am Beispiel eines Polynoms zweiter Ordnung (oder einer quadratischen Gleichung). Die erste Spalte zeigt aufeinanderfolgende Werte von $x = 0, 1, 2, 3, 4$, die zweite die entsprechenden Werte für $p(x)$, die dritte enthält die erste Differenz $d1(x)$ der beiden benachbarten Werte in der zweiten Spalte und die dritte die zweite Differenz $d2(x)$ der beiden benachbarten ersten Differenzen. Bei einer quadratischen Gleichung ist die zweite Differenz immer konstant, in diesem Fall t. Die Tabelle ist einfach von links nach rechts aufgebaut. Sobald die ersten Werte eingetragen sind, erhält man Folgewerte diagonal von oben rechts nach unten links. Um $p(5)$ zu berechnen, beginnt man mit dem Wert der 4. Spalte, 6 (der Konstante), addiert sie zu 19 in Spalte 3, um 25 zu erhalten, geht dann zur zweiten Spalte weiter und addiert 42. Daraus ergibt sich, dass $p(5)$ $25 + 42 = 67$ ist. Werden diese Schritte wiederholt, ergibt sich $p(6) = 98$ und so weiter.

x	$p(x) = 3x^2 - 2x + 2$	$d1(x) = p(x+1) - p(x)$	$d2(x) = d1(x+1) - d1(x)$
0	2	1	6
1	3	7	6
2	10	13	6
3	23	19	
4	42		

Tabellierte Werte für $p(x) = 3x^2 - 2x + 2$ (mit freundlicher Genehmigung von Dr. D. Scott).

Bau von Babbages Differenzmaschinen

Die Differenzmaschinen von Scheutz standen Babbages Konzept um vieles nach.

Vor der erfolgreichen Realisierung der «Difference Engine No. 2» für das Science Museum gab es mehrere Anläufe, Differenzmaschinen zu bauen. Nachdem er von der britischen Regierung 1 700 £ erhalten hatte, engagierte Babbage 1823 Joseph Clement (1779–1844), einen der besten Konstruktionszeichner und Metallbearbeiter seiner Generation, um die «Difference Engine No. 1» zu bauen. Die beiden Männer hätten nicht unterschiedlicher sein können: der schnell gekränkte Akademiker Babbage und der unverblümte, ungeschliffene Clement. Auch wenn die beiden sich 1932 zerstritten und die Regierung ihre finanzielle Unterstützung zurückzog und damit das Projekt beendete, konnte Babbage mit den von Clement gefertigten Teilen ein Demonstrationsobjekt bauen, das eines der Glanzstücke feinmechanischer Präzisionsarbeit im frühen 19. Jahrhunderts darstellt.

In den 1850er-Jahren bauten zwei risikofreudige Schweden, Per Georg Scheutz (1785–1873) und sein Sohn Edvard, verschiedene Differenzmaschinen. Sie waren viel kleiner als jene Babbages, waren technisch und mathematisch aber auch deutlich schlechter. Die beste Scheutz-Maschine konnte nur vier 15-stellige Zahlen speichern. Eine der Maschinen wurde 1859 an das «London General Register Office» verkauft, aber ihr fehlten viele der Sicherheitsfeatures, die Babbage vorgesehen hatte. Zudem war sie schwierig zu bedienen und fiel häufig aus. Statt ein Vermögen mit der Differenzmaschine zu verdienen, gingen die Scheutzs Pleite.

COMPUTER

- Schickards Rechenuhr **1623**
- Pascaline **1642**
- Jacquard-Webstuhl **1801**
- Babbages Difference Engine No. 1 **1832**
- Babbages Analytical Engine **1834**
- Babbages Difference Engine No. 2 **1847**
- Differenzmaschine von Scheutz **1855**

1791–1871

Charles Babbage

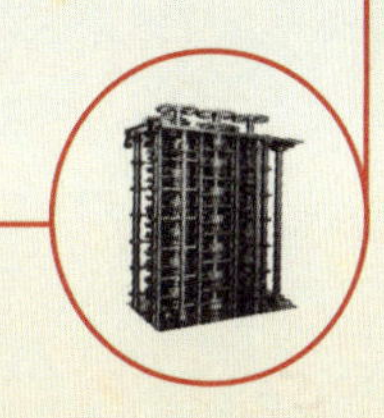

Aufbau von …

BABBAGES DIFFERENZMASCHINE NO. 2

[A] Säulen mit Ziffernrädern, Zahnrädern und Hebelwerk
[B] Kurbelgetriebe
[C] Kurbel

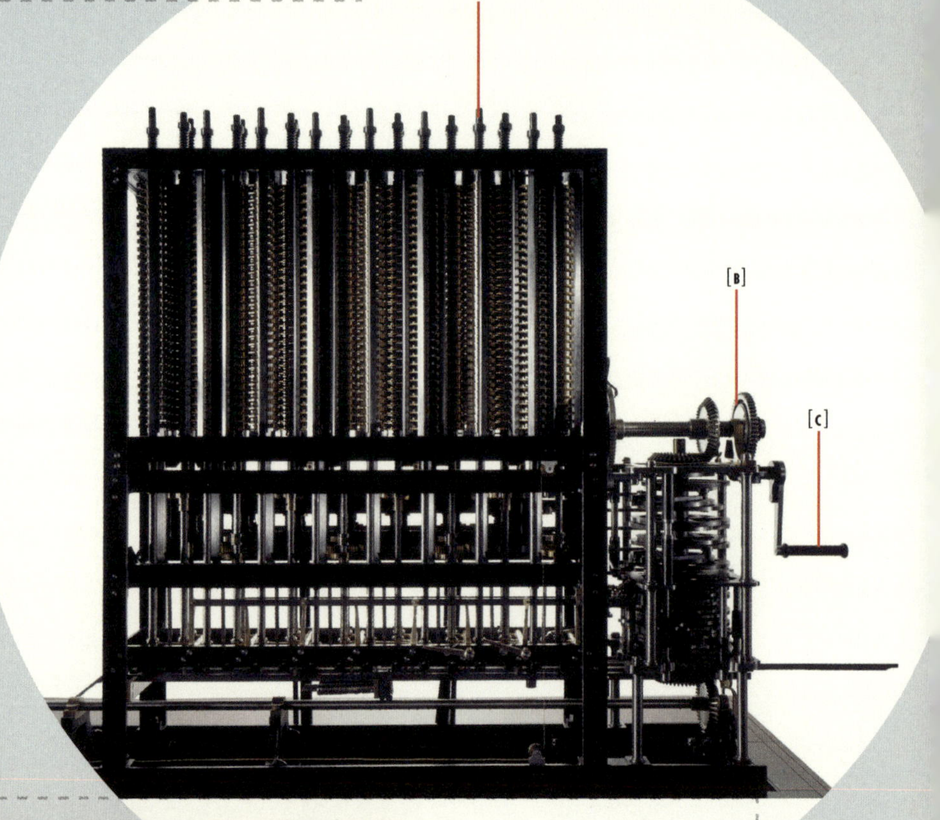

Joseph Clement fertigte sämtliche Komponenten der Differenzmaschine aus Messing – eine Arbeit, die hohe Präzision erforderte.

Babbages Differenzmaschine war eines der Glanzstücke feinmechanischer Präzisionsarbeit im frühen 19. Jahrhundert.

Die Differenzmaschine hat drei Hauptteile: Säulen mit Zahlenrädern (0–9, in gerade und ungerade Zahlen aufgeteilt), Zahnrädern und Hebelwerk, Handkurbel und «Drucker». Säulen sind von 1 bis n bezeichnet und jede kann eine Zahl speichern. Die Säule n speichert immer eine Konstante (siehe Tabelle auf S. 32), während Säule 1 den Wert der Berechnung anzeigt. Nachdem die Ausgangswerte der einzelnen Säulen festgelegt sind, läuft der Rest automatisch ab. Um einen kompletten Satz der Additionen auszuführen, muss das Kurbelgetriebe viermal gedreht werden, wobei die folgenden vier Schritte ausgeführt werden: (Schritt 1) Alle geraden Säulen werden zu den ungeraden Säulen addiert, die geraden Säulen kehren auf den Wert Null zurück, wobei ihre Werte auf die Zahnsegmente zwischen den Säulen übertragen werden. Wenn eine ungerades Rad Null erreicht, wird ein Übertragshebel gespannt; (Schritt 2) der den Übertrag auf die nächsthöhere Stelle addiert, während die Zahnsegmente an ihre Ausgangsstelle zurückkehren und dabei den Ausgangswert der geraden Säulen wiederherstellen; (Schritt 3) entspricht Schritt 1, aber diesmal werden die ungeraden Säulen zu den geraden addiert und die Werte der Säule 1 zum Drucker übertragen; (Schritt 4) wie Schritt 2, die ungeraden Säulen werden auf ihre ursprünglichen Werte zurückgesetzt.

WICHTIGSTES MERKMAL:
DER DRUCKER

Zweck des sogenannten «Druckers» war die Ausgabe von Druckplatten mit den errechneten Werten. Auf diese Weise wurde das fehlerträchtige Setzen per Hand vermieden. Das Gerät hatte einige sehr ausgeklügelte Eigenschaften, darunter variable Zeilenhöhen, Spaltenzahlen und Spaltenränder sowie automatischen Zeilen- und Spaltenumbruch. Der Tintenausdruck auf Papier diente dazu, die Ergebnisse zu überprüfen.

08

Entwickler:

Isaac Merritt Singer

SINGERS «SCHILDKRÖTENRÜCKEN»-NÄHMASCHINE

Industrie

Landwirtschaft

Medien

Verkehr

Wissenschaft

Computer

Energie

Haushalt

Hersteller:

I. M. Singer and Co.

1856

Isaac Merrit Singer hat die Nähmaschine nicht erfunden, aber er war der erste, der sie erfolgreich vermarktete. Mit dem «Schildkrötenrücken», der ersten Nähmaschine für den Hausgebrauch, etablierte er Singer als Branchenführer und schuf Amerikas erstes multinationales Unternehmen.

Isaac Merritt Singer

Zugenäht

In diesem Kapitel über die «Schildkrötenrücken»-Nähmaschine begegnen wir einer der schillerndsten Personen, die in diesem Buch vorgestellt werden. Erfinder sind oft «Sonderlinge», aber ihre Verschrobenheiten sind zumeist auf ihr Arbeitsfeld beschränkt. Isaac Merrit Singer (1811–1875) war in jeder Hinsicht außergewöhnlich. Zum einen war er an den damaligen Standards gemessen ein Riese: 1,95 m groß. Ungeachtet einer Ausbildung in der Maschinenwerkstatt seines Bruders hatte Singer ganz andere Pläne: Er wollte Schauspieler werden. Nachdem er sein erstes technisches Patent verkauft hatte, gründete er 1839 ein reisendes Ensemble, die «Merritt Players», die zusammenblieben, bis das Geld ausging. Singer war ein notorischer Schürzenjäger mit fünf «Familien». Wegen Bigamie musste er 1862 die USA verlassen und ließ sich in England nieder.

«Du willst das einzige abschaffen, das Frauen ruhig hält – das Nähen!»

ISAAC SINGER ZU SEINEM PARTNER ÜBER SEINE EIGENE ERFINDUNG.

Auf der Jagd nach neuen Verdienstmöglichkeiten meldete Singer 1851 sein erstes Nähmaschinenpatent an. Das amerikanische Patent für die Nähmaschine hielt jedoch Elias Howe (1819–1867). Er verklagte Singer und andere Hersteller wegen Patentverletzungen und löste damit die «Nähmaschinenkriege» aus. Schlussendlich legten Howe, Singer und zwei andere Hersteller ihre Patente zusammen. Im selben Jahr brachte Singer den «Schildkrötenrücken» auf den Markt, die erste Nähmaschine, die für den Hausgebrauch bestimmt war, und die erste, die mit einer Tretkurbel angetrieben wurde, sodass die Benutzer beide Hände frei hatten. Da die anfänglichen Kosten von 100 $ für die meisten amerikanischen Geldbeutel zu hoch waren, bot Singer seinen Kundinnen einen Teilzahlungsplan an: Gegen eine Anzahlung von 5 $ konnten sie ihre Nähmaschinen mit nach Hause nehmen. Auch wenn der «Schildkrötenrücken» schnell abgelöst wurde, machte sie Singer zum Marktführer. In den 1870er-Jahren hatte er Fabriken überall auf der Welt eröffnet und das erste multinationale Unternehmen der USA geschaffen.

Entwickler:

Isambard Kingdom **Brunel**

SS *GREAT EASTERN*

Hersteller:

J. Scott Russell & Co.

«Kein Schiff, dass der *Great Eastern* in Größe und Komplexität nahekommt, ist jemals gebaut worden, trotzdem sollte sie in einer traditionellen Schiffswerft gebaut werden, jedoch von einem Schiffsbauer mit überragendem Ruf in Gestalt von John Scott Russell.» **R. Buchanan, *Brunel* (2006)**

Industrie

Landwirtschaft

Medien

Verkehr

Wissenschaft

Computer

Energie

Haushalt

Der Meeresboden ist übersät von den Wracks «unsinkbarer» Schiffe. Auch wenn die SS *Great Eastern* nicht gesunken ist, war Brunels größtes Dampfschiff, das seine Karriere krönen sollte, bei Bau und Betrieb von Problemen und Pannen verfolgt. Nichtsdestotrotz setzte sie mit einem Doppelrumpf und dampfgetriebener Rudermaschine die Standards für die Konstruktion späterer Linienschiffe, und dank ihrer Größe war sie für die Verlegung des ersten erfolgreichen transatlantischen Telegrafiekabels geeignet.

Isambard Kingdom Brunel

Das «Riesenbaby»

Man muss nur den Namen *Titanic* aussprechen, die 1912 während ihrer Jungfernfahrt (siehe Funktelegraf, Seite 72) sank, um Bilder von vom Unglück verfolgten riesigen Passagierlinienschiffen heraufzubeschwören. Vielleicht ist Poseidon, der Gott der Meere, besonders empfindlich für diese Form menschlicher Hybris. Schon der Stapellauf missglückte, aber glücklicherweise sank die *Great Eastern* während ihrer Jungfernfahrt nicht, auch wenn eine Kesselexplosion fünf Heizer tötete und viele andere verletzte. Am Ende ihrer Atlantiküberquerung 1862 schlug sie an Felsen vor Long Island leck, der entstandene Riss in der Außenhülle war 60 Mal größer als der Riss, der der *Titanic* zum Verhängnis wurde. Die *Great Eastern*, die ihr Konstrukteur, Isambard Kingdom Brunel (1806–1859), sein «Riesenbaby» nannte, sank dank ihrer Doppelhülle nicht und fuhr unter eigenem Dampf nach New York zur Reparatur.

Die *Great Eastern* war das ambitionierteste Dampfschiffprojekt des 19. Jahrhunderts und hielt über vier Jahrzehnte den Rekord des größten schwimmenden Schiffs. Ihr Antrieb zeichnete sich durch eine Kombination verschiedener Technologien aus: Sie hatte sechs Masten für Segel; fünf Dampfmaschinen versorgten die beiden riesigen Schaufelräder und den Propeller am Heck. Sie hatte Laderaum für Fracht und bot 4000 Passagieren Platz. Ohne Brennstoffnachschub konnte sie Indien und Australien erreichen. Nach dem Bankrott ihres Erbauers und zahlreichen Pannen wurde sie jedoch auf Segelbetrieb umgestellt und auf die transatlantische Route eingeschränkt. Da sie als Passagierschiff wirtschaftlich nicht erfolgreich war, wurde sie zum Kabelleger umgebaut und verlegte zwischen 1865 und 1878 transatlantische Telegrafiekabel. Nach weiteren 10 Jahren als Theaterschiff und Touristenattraktion in England wurde sie 1889 verschrottet.

Der Mann mit dem Zylinder

Anders als der frühere Pionier des Dampfzeitalters, George Stephenson (1781–1848), genoss Brunel eine exzellente Ausbildung, zuerst in England und dann (dank seines französischen Vaters) in Frankreich, gefolgt von einer Lehre bei einem der bekanntesten Uhrmacher Frankreichs. Wie Stephenson ist er jedoch vor allem für seine Eisenbahnen bekannt. Er baute die Perle der Ingenieurskunst seiner Zeit, die «Great Western Railway (GWR)» von London nach Bristol, die einige der innovativsten Tunnels und Brücken umfasste, darunter die «Clifton Suspension Bridge», eine Ketten-Hängebrücke. Brunel, immer mit Zylinder abgebildet, sah nicht ein, warum die Fahrt der Passagiere am Hafen in Bristol, der Endstation der GWR, enden sollte und fasste eine Dampfschiffverbindung zwischen Bristol und der aufstrebenden neuen Welt jenseits des Atlantiks ins Auge.

Die *Great Eastern* war das dritte und ambitionierteste Dampfschiff, das Brunel plante und baute. 1838 ließ er die 77 m lange SS *Great Western*, einen hölzernen Schaufelraddampfer, vom Stapel, bestimmt für die Transatlantikroute. Sein zweites Schiff war die 98 m lange SS *Great Britain*, das erste Schiff aus Eisen mit Propellerantrieb, die ihre Jungfernreise 1843 absolvierte. Die *Great Eastern* war noch größer, und obwohl sie als Linienschiff nicht der große Wurf war, setzte sie Standards für die Konstruktion von Passagierschiffen in den folgenden Jahrzehnten.

DAMPFSCHIFFE

Pyroscaphe	1783
Comet	1812
Savannah	1819
James Watt	1820
Great Western	1837
Great Britain	1843
Great Eastern	1858

Brunels Ambitionen für die *Great Eastern* waren stets größer, als die Leistung, die sie erreichte.

SS *GREAT EASTERN*

Mit einer Länge von 211 m war die *Great Eastern* mehr als doppelt so lang wie die *Great Britain* und 58 m kürzer als die *Titanic,* sie hatte eine Breite von 25 m und eine Verdrängung von 32000 Tonnen. Sie wurde von fünf Dampfmaschinen angetrieben: vier für die 17 m großen Schaufelräder und eine für den 7,3 m großen Propeller am Heck, mit denen sie eine Höchstgeschwindigkeit von 14 Knoten erreichte. Zusätzlich hatte sie sechs Segelmasten, aber diese konnten in der Praxis nicht zusammen mit den Maschinen genutzt werden, da die heiße Abluft der Schornsteine die Segel in Brand gesetzt hätte. Sie konnte 4000 Passagiere transportieren (die *Titanic* 2453) und hatte eine 418-köpfige Besatzung. Sie konnte genug Kohle für eine Hin- und Rückfahrt zwischen England und Australien aufnehmen und war mit großen Laderäumen für Fracht ausgestattet. Technisch hatte sie zwei wesentliche Neuerungen: eine dampfgetriebene Rudermaschine, und eine Doppelhülle.

WICHTIGSTES MERKMAL:

DIE DOPPELHÜLLE

Die *Great Eastern* hatte eine revolutionäre Doppelhülle; der Abstand zueinander betrug 86 cm; sie waren alle 180 cm fest miteinander verstrebt. Die Hüllen bestanden aus standardisierten Eisenplatten von 19 mm Stärke, die mit standardisierten Nieten vernietet waren.

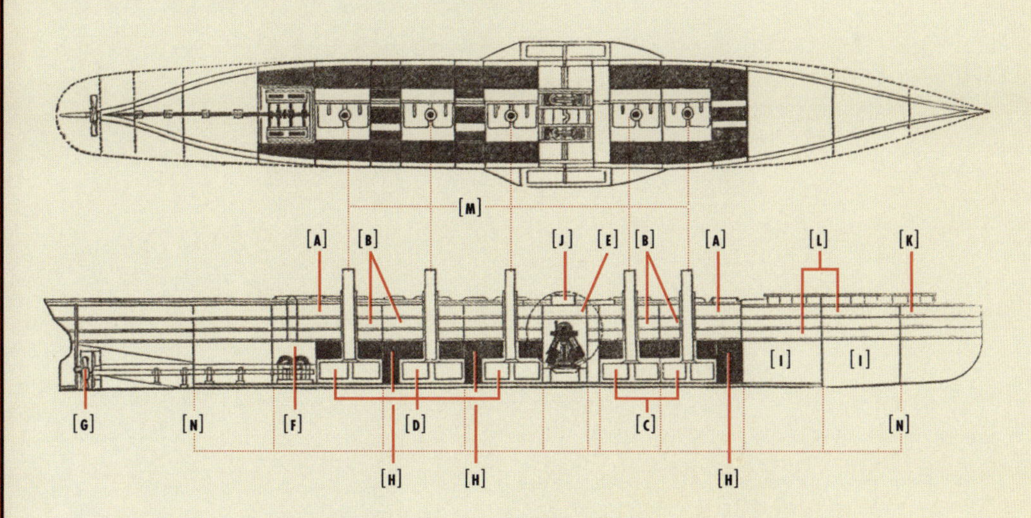

[A] Oberer Salon
[B] Hauptsalon
[C] Dampfkessel für Schaufelradantrieb
[D] Dampfkessel für Propellerantrieb
[E] Schaufelräder
[F] Propellermotoren
[G] Propeller
[H] Kohle
[I] Frachtraum
[J] Kapitänskabine
[K] Vorschiff
[L] Kojen der Crew
[M] Schornsteine
[N] Schotten

10

Entwickler:
John Wesley Hyatt

HYATTS SPRITZGIESS-MASCHINE

Hersteller:
Celluloid Manufacturing Company

Industrie
Landwirtschaft
Medien
Verkehr
Wissenschaft
Computer
Energie
Haushalt

«Zu den [Zelluloid-]Anwendungen gehörten alltägliche Gegenstände wie Kämme, Zahnprothesen, Messergriffe, Spielzeuge und Brillengestelle.»

P. PAINTER UND M. COLEMAN, *ESSENTIALS OF POLYMER SCIENCE AND ENGINEERING* (2009)

1872

Mit der Patentierung ihrer Spritzgießmaschine und des Zelluloids begründeten die Gebrüder Hyatt die Kunststoffindustrie, die die Welt im 20. Jahrhundert verändern sollte.

Wie Zelluloid den Elefanten rettete

Mitte des 19. Jahrhunderts war der Bedarf an Elfenbein – für Billardkugeln wie für Knöpfe, Messergriffe, Klaviertasten, falsche Zähne, Ventilatorlamellen und Kragenstäbchen – so groß, dass sogar die gewaltigen Herden des Afrikanischen Elefanten vom Aussterben bedroht waren. Da der weltweite Elfenbeinmangel das Geschäft beeinträchtigte, versprach Phelan & Collander, ein amerikanischer Hersteller von Billardkugeln, demjenigen, der einen Elfenbeinersatz herstellen konnte, eine Prämie von 10 000 Dollar. Der Erfinder John Wesley Hyatt (1837–1920) begann, mit «Parkesine» zu experimentieren, dem ersten menschengemachten Kunststoff, den der britische Forscher Alexander Parkes (1813–1890) 1862 erfunden hatte. Parkes scheiterte mit dem Versuch, seine Erfindung kommerziell zu nutzen, aber 1869 hatte sein Mitarbeiter Daniel Spill (1832–1887) mit einer verbesserten Version, die er «Xylonite» nannte, mehr Erfolg. 1870 waren John Hyatt und sein Bruder Isaiah mit einer eigenen Version von «Parkesine» an die Öffentlichkeit gelangt, der sie den Namen «Zelluloid» gaben. Wie es so oft bei Erfindungen des 19. Jh. der Fall war, kam es zu Patentverletzungsverfahren, in deren Folge Parkes' Ansprüche als ursprünglicher Erfinder anerkannt wurden.

Zelluloid, eine Verbindung von Cellulosenitrat und Campfer, war der erste wirtschaftlich erfolgreiche Kunststoff der Welt. Statt die Prämie von 10 000 $ zu beanspruchen, gründeten die Gebrüder Hyatt ihre eigene Fabrik zur Herstellung von Billardkugeln und anderen Produkten, die vorher aus natürlichen Materialien wie Horn und Elfenbein hergestellt worden waren. Das Geheimnis des Erfolgs der Brüder war nicht nur die Entwicklung von Zelluloid, sondern auch die Erfindung der ersten Spritzgießmaschine, der «Stuffing Machine», die Stäbe und Platten aus Zelluloid produzieren konnte, die dann zu Endprodukten verarbeitet wurden. Die 1872 patentierte «Stuffing Machine» baute auf einer Metalldruckgießmaschine auf. Die Hyatts bauten eine Spindel in den Zylinder ein, um das Schmelzen des Zelluloids zu erleichtern, das dann mittels Gießkolben in eine wassergefüllte Form gespritzt wurde.

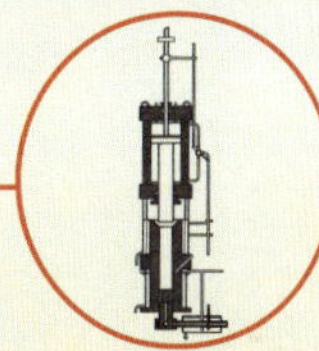

11

Entwickler:
Zénobe Gramme

GRAMMESCHER RING

Industrie
Landwirtschaft
Medien
Verkehr
Wissenschaft
Computer
Energie
Haushalt

Hersteller:
Zénobe Gramme

«Gramme präsentierte eine elektrische Welt in Klein: ein integriertes System, das einen dampfgetriebenen Dynamo beinhaltet, der den Strom für einen Motor, Galvanisierung und elektrisches Licht bereitstellte.»

M. SCHIFFER, *POWER STRUGGLES* (2008)

1873

Der Grammesche Ring oder Ringankermotor, der erste wirtschaftlich betreibbare Gleichstrommotor, stand am Beginn der zweiten industriellen Revolution, in der Strom die mechanische Dampfkraft und Gasbeleuchtung der ersten industriellen Revolution ablöste.

Die Elektrifizierung der Welt

Die Menschen der Antike kannten «Elektrizität», auch wenn sie erst 1600 so genannt wurde. Abgeleitet ist die Bezeichnung vom griechischen *elektron* für Bernstein, weil durch Reiben von Bernstein statische Elektrizität erzeugt werden konnte. Bis zu den Entdeckungen von Wissenschaftlern wie Hans Ørsted (1777–1851) und Michael Faraday (1791–1867) im 19. Jahrhundert blieb das Phänomen aber weitgehend unverstanden. Aufgrund der neuen Erkenntnisse begannen Forscher mit Versuchen, Strom als Energie- und Lichtquelle für Industrie und Haushalt wirtschaftlich nutzbar zu machen. Zunächst arbeiteten sie mit dampfgetriebenen Magnetzündern und Dynamos, aber die Ausbeute war gering. In den frühen 1870er-Jahren entwickelte der belgische Erfinder Zénobe Gramme (1826–1901) besonders effiziente Dynamos. Er produzierte zwei dampfgetriebene Modelle: eine Niederspannungsmaschine mit einem PS für die galvanische Metallausscheidung und eine Hochspannungsmaschine mit vier PS für Licht, die beide ihren Konkurrenten überlegen waren.

Gramme zeigte 1873 seine Dynamos an der Industrieausstellung in Wien. Zufällig verband sein Assistent die Ausgangsdrähte zweier Dynamos. Als die Dampfmaschine den ersten Dynamo zu drehen begann, begann der Anker des zweiten, schnell zu rotieren. Gramme erkannte, dass der zweite Dynamo zu einem kräftigen Elektromotor geworden war, der bisherigen Elektromotoren überlegen war. Er nutzte diesen glücklichen Zufall und improvisierte eine neue Attraktion für die Ausstellung: Er verband zwei Dynamos, die fast 1,6 km voneinander entfernt waren. Der dadurch entstandene «Motor» pumpte zum Erstaunen des Publikums Wasser für einen kleinen Wasserfall. Gramme demonstrierte damit zwei Prinzipien, die die Welt verändern sollten: Erstens konnten seine Dynamos mit wenigen Modifikationen in Elektromotoren verwandelt werden, welche Industriemaschinen antreiben konnten. Zweitens, und viel wichtiger, konnte er zeigen, dass die an einem Ort erzeugte mechanische Energie mit einem Dynamo in elektrische Energie verwandelt, über große Entfernungen mithilfe von Drähten übertragen und durch Elektromotoren am anderen Ende wieder in mechanische Energie umgewandelt werden konnte.

12

Entwickler:
Ottmar **Mergenthaler**

LINOTYPE-SETZMASCHINE

Industrie
Landwirtschaft
Medien
Verkehr
Wissenschaft
Computer
Energie
Haushalt

Hersteller:
Mergenthaler Linotype Company

1884

Nach der Erfindung der beweglichen Lettern im Europa des 15. Jahrhunderts musste die Welt vier Jahrhunderte auf die nächste Revolution beim Satz warten. Mergenthalers Linotype beschleunigte die Produktion von Büchern und Zeitschriften, senkte die Produktionskosten drastisch und machte Gedrucktes für eine viel größere Leserschaft als je zuvor verfügbar.

Abdrücke

Heute sind wir es gewohnt, Texte in den Computer zu tippen, Schriftart und -größe, Auszeichnungen (fett, kursiv), Abstände und Ausrichtung mit wenigen Tastenschlägen anzupassen, das Dokument an einen Drucker zu schicken, aus dem es – zumindest in der Theorie – perfekt gedruckt herauskommt. Vor sechs Jahrhunderten schnitten europäische Drucker mühselig ganze Seiten in Holzblöcke, und erst im 15. Jahrhundert erfand der deutsche Drucker Johannes Gutenberg (ca. 1398–1468) die ersten beweglichen Lettern in Europa (die Chinesen waren der Entwicklung schon Jahrhunderte voraus). Dank Gutenbergs Erfindung war es nun möglich, Textseiten aus einzelnen auswechselbaren Buchstaben zusammenzusetzen, die in kleine Bleistücke geschnitten waren. Das war ein großer Schritt nach vorne, aber der Satz von Büchern, Zeitschriften und Zeitungen blieb zeitaufwändig und erforderte die Tätigkeit dutzender qualifizierter Personen, «Schriftsetzer» genannt. Bücher waren weiter verfügbar als je zuvor, blieben aber vergleichsweise teuer und für große Teile der Gesellschaft unerschwinglich; Zeitungen waren auf acht Seiten Umfang beschränkt. Kurz zusammengefasst: Die Verbreitung von Wissen und Information blieb weiterhin eingeschränkt. Für die vielen autokratischen Regime des 19. Jahrhunderts war das in der Tat ein wünschenswerter Zustand, denn unwissende Bürger waren leichter unter Kontrolle zu halten als gebildete und gut informierte. Die zweite industrielle Revolution jedoch, die in den letzten Jahrzehnten des 19. Jahrhunderts begann, veränderte die Welt mit der Erfindung neuer Medien und Kommunikations- und Informationstechniken, insbesondere der drahtlosen Telegrafie, der Schreibmaschine und des Telefons. Printmedien blieben jedoch der Hauptkanal, über den Menschen gebildet und informiert wurden, und das sollte in den folgenden Jahrzehnten auch so bleiben. Die Zeit war reif für Fortschritte beim Schriftsatz, der sich seit Gutenberg nicht signifikant verändert hatte.

Der zweite Gutenberg

Der Mann, der im 19. Jahrhundert das Setzen revolutionierte und als zweiter Gutenberg bezeichnet wurde, war nicht wie viele der heutigen Erfinder Absolvent einer berühmten Universität oder als Wissenschaftler bei einem multinationalen Unternehmen tätig. Er war ein begeisterter Amateurerfinder, der eine gute Idee hatte und praktische Wege fand, diese zu realisieren. Ottmar Mergenthaler (1854–1899), Sohn eines deutschen Lehrers, ging bei einem Uhrmacher in die Lehre. Mit 18 Jahren emigrierte er nach Amerika, wie so viele andere wirtschaftliche Migranten vor und nach ihm, um den eingeschränkten Zukunftsaussichten in seinem Heimatland zu entfliehen und seinen eigenen «amerikanischen Traum» zu verwirklichen.

1876 sprachen James O. Clephane (1842–1910) und Charles T. Moore (1847–1910) den 22 Jahre alten Mergenthaler, Teilhaber eines Herstellers wissenschaftlicher Instrumente in Baltimore, mit einem Plan für eine Setzmaschine an. Clephane und Moore suchten nach Möglichkeiten, die Veröffentlichung von Gerichtsberichten zu beschleunigen, und hatten ihre Konstruktion auf der Schreibmaschine aufgebaut, einer Erfindung, die wenige Jahre zuvor in den USA erfolgreich auf den Markt gebracht worden war (siehe S. 84). Ihre Maschine hatte jedoch diverse Konstruktionsmängel, darunter die Verwendung von Formen aus Pappmaché, die kein klares Schriftbild erzeugten.

Sie baten Mergenthaler um Unterstützung. Es dauerte acht Jahre und erforderte mehrere Anläufe mit völligen Neukonstruktionen, bis Mergenthaler eine Maschine entwickelt hatte, die eine abgewandelte Schreibmaschinentastatur mit Bleigussfunktion kombinierte und eine ganze Textzeile ausgab. Er patentierte seine Erfindung 1884. Im Juli 1886 wurde sie erstmals öffentlich präsentiert, unter anderem vor den Augen von Whitelaw Reid (1837–1912), dem Herausgeber der *New York Tribune*, der ausgerufen haben soll: «Ottmar, you've done it again! A line o' type!» («Eine Zeile von Buchstaben!») Damit war auch der Name der Maschine erfunden: Linotype.

«Ein Wunder dieses Jahrhunderts, das das Gießen, Setzen und Verteilen von Lettern in einer Maschine kombiniert, in einem Schritt, mit einem Bediener.»

WERBEMATERIAL DER MERGENTHALER LINOTYPE CO. (1895)

Ottmar Mergenthaler 1854–1899

Die Linotype reduzierte die Kosten von Printprodukten dramatisch, da dank Automatisierung nun keine ausgebildeten Schriftsetzer mehr benötigt wurden.

Schulbücher und Boulevardblätter

Mergenthalers Maschine ähnelte ein bisschen einer riesigen Schreibmaschine, 2 m hoch und 1,8 m breit, aber sie lieferte viel mehr als einen auf Papier gedruckten Text. Die heutigen gedruckten Massenmedien sind im Wesentlichen Folge der Linotype-Revolution im späten 19. Jahrhundert. Mergenthaler selbst hatte sich einst über den Mangel an Schulbüchern in seinem Geburtsland Deutschland beschwert. Seine Erfindung machte Schulbücher billiger und leichter verfügbar und führte zur Transformation und Standardisierung von Bildung auf der ganzen Welt. Natürlich wurden auch andere Bücher preiswerter und für die Allgemeinheit erschwinglich: die großen Werke der Weltliteratur, aber auch Groschen- und Schundromane und Bücher über Naturwissenschaften, Technik, Politik und Ökonomie, die die technischen und ideologischen Revolutionen des 20. Jahrhunderts förderten. Eine der unbeabsichtigten Auswirkungen der Linotype war die Zunahme von Boulevardblättern auf beiden Seiten des Atlantiks.

DRUCK UND SATZ

Holztafeldruck	200
Bewegliche Lettern in China	1040
Bewegliche Lettern in Europa	1454
Kupferstich	ca. 1500
Lithografie	1796
Rotationsdruck	1843
Offsetdruck	1875
Linotype	1884
Fotosatz	1960er-Jahre
Digitaldruck	1993

LINOTYPE

[A] Tastatur
[B] Magazin
[C] Sammler
[D] Gießmechanismus
[E] Distributor

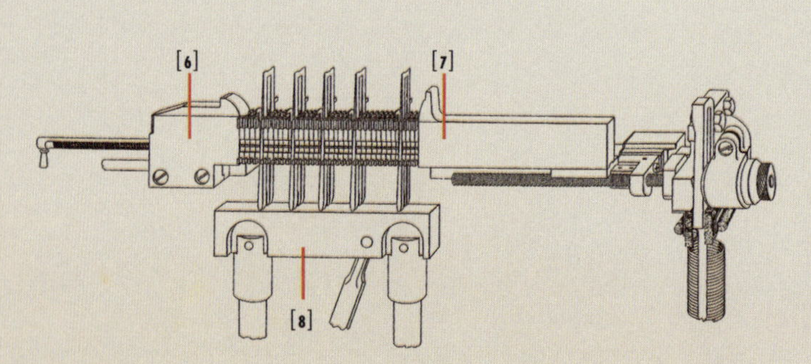

Ausschließen: Die zusammengestellte Zeile ist zwischen den Backen – [6] und [7] – des Zeilensammlers eingeschlossen. Mithilfe von [8] werden die in der Breite veränderbaren Spatienkeile ausgetrieben, bis die Zeile ausgefüllt ist.

Die Linotype besteht aus fünf Hauptbestandteilen: Tastatur, Magazin, Sammler, Gießmechanismus und Distributor. Die Tastatur umfasst 90 Tasten, die in drei Gruppen eingeteilt sind: Kleinbuchstaben sind schwarz, Großbuchstaben weiß, Zahlen, Satzzeichen und andere Sonderzeichen sind blau. Die Buchstaben sind nach ihrer Verwendungshäufigkeit angeordnet. Es gibt auch eine Spatienkeiltaste – das Äquivalent des Leerzeichens auf einer modernen Tastatur. Oberhalb der Tastatur sitzen Magazine mit Buchstabenmatrizen, den Gussformen für die Buchstaben. Jede Matrize enthält die Buchstabenform für einen einzelnen Buchstaben in einer bestimmten Schrift und Größe, sowohl gerade als auch kursiv. Jedes Magazin enthält einen Fonts; der Bediener kann zwischen den Magazinen wechseln, um Fonts in einer Textzeile zu wechseln. Wenn der Bediener eine Taste auf der Tastatur betätigt, wird die entsprechende Matrize vom Magazin in den Sammler geschickt. Sobald eine Zeile fertig ist, betätigt der Bediener einen Hebel, die Zeile wird ausgeschlossen und in den Gießmechanismus geschickt. Die Zeile wird mit einer Legierung aus Blei, Antimon und Zinn ausgegossen. Es entsteht eine einteilige Gusszeile oder Reglette, die bis zu 300000 Mal verwendet werden kann, bevor sie Abnutzungserscheinungen zeigt und neu gegossen werden muss.

Nachdem die Matrizen in der gewünschten Reihenfolge zusammengesetzt wurden, wird eine Reglette gegossen.

Rechts: Geordnete Linotype-Matrizen

WESENTLICHES MERKMAL:

DER ABLEGEMECHANISMUS

Eine der wichtigsten arbeitssparenden Eigenschaften der Linotype ist der Ablegemechanismus, der dafür sorgt, dass die Matrizen und Spatienkeile gleich wieder für die nächste Zeile zur Verfügung stehen. Die Matrizen gelangen über kodierte Zahnstangen zu den Magazinen und werden dort anhand unterschiedlicher Zahncodierungen in die Buchstabenkanäle einsortiert.

Die Zähne stellen sicher, dass die Matrizen einsortiert werden können.

13

Entwickler:

Charles Parsons

PARSONS' DAMPFTURBINE

Hersteller:

C.A. Parsons and Company

Industrie

Landwirtschaft

Medien

Verkehr

Wissenschaft

Computer

Energie

Haushalt

1884

Mit einem gewagten Manöver demonstrierte Charles Parsons, dass seine Dampfturbine jedes mit einer konventionellen Dampfmaschine ausgerüstete Schiff schlagen konnte. Die wahre Bedeutung der Dampfturbine lag aber nicht in der Beschleunigung von Schiffen, sondern in Verbesserungen bei der Stromproduktion.

Unerbetener Besuch bei Queen Victorias diamantenem Jubiläum

1897 feierte Queen Victoria (1819–1901) ihr 60-jähriges Thronjubiläum mit einer Parade der königlichen Marine, der stärksten und größten der Welt. Gut sichtbar für die Königin, den Prinzen von Wales und die versammelten Honoratioren, rauschte dabei eine kleine Barkasse, die *Turbinia*, zwischen den großen Schiffen der Flotte ins Blickfeld. Sie entging problemlos den Abfangversuchen durch andere Fahrzeuge, da sie sie buchstäblich im Wasser stehen ließ. Heute, in Zeiten der Angst vor Terroristen, würde ein ungebetener Besucher wie dieser zerstört werden, aber in der damaligen ruhigeren Zeit konnte der Erbauer der *Turbinia*, Charles Parsons (1854–1931), mit dieser Showeinlage die Überlegenheit seiner Dampfturbine über die konventionellen Kolbendampfmaschinen demonstrieren.

«Es schien mir, dass mäßige Oberflächen- und Rotationsgeschwindigkeit entscheidend waren, wenn der Turbinenmotor als Antriebsmaschine allgemeine Akzeptanz finden sollte.»

CHARLES PARSONS 1911 IN EINEM VORTRAG

Neu war die Idee einer Dampfturbine nicht, aber lange Zeit hielt sie niemand für realisierbar. Kein geringerer als der Vater der Dampfkraft, James Watt (1736–1819), war der Meinung, dass die riesigen Zentrifugalkräfte, die auftreten, wenn Dampf mit einer Geschwindigkeit von 2735 km/h durch einen Motor schießt, den Bau einer Dampfturbine unmöglich machen. Parsons' Lösung, 1884 patentiert, war es, den Dampf über mehrere Stufen aus Leit- und Laufschaufeln zu leiten und ganz allmählich die Wärmeenergie des Dampfs in eine Drehbewegung umzusetzen. Das erhöhte die Effizienz gegenüber einer konventionellen Kolbendampfmaschine, was die Stromerzeugung transformierte. Bisher waren Dynamos bei Geschwindigkeiten zwischen 1000 und 1500 Umdrehungen pro Minute (rpm) betrieben worden, Parsons' Erfindung erlaubte unglaubliche 18000 rpm. Parsons produzierte seine Turbogeneratoren selbst und installierte sie überall auf der Welt. 1923 erhielt er den Auftrag für das größte Elektrizitätswerk der Welt, das 50000 kW für die amerikanische Stadt Chicago lieferte.

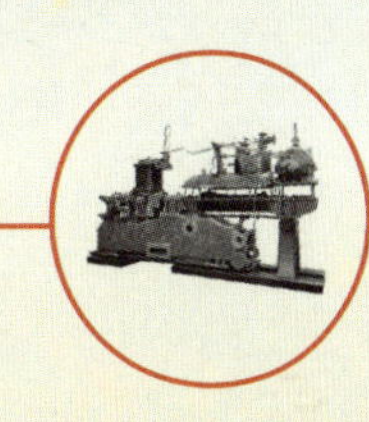

14

Entwickler:
John Kemp Starley

SICHERHEITSFAHR-RAD «ROVER»

Hersteller:
Starley & Sutton Co.

Industrie
Landwirtschaft
Medien
Verkehr
Wissenschaft
Computer
Energie
Haushalt

1885

Fahrräder gab es schon seit dem frühen 19. Jahrhundert, aber erst im späten 19. Jahrhundert begannen sie, die Gesellschaft zu verändern. Das Sicherheitsfahrrad «Rover» war nicht nur ein preiswertes Transportmittel für den Weg zur Arbeit und in der Freizeit, es spielte auch eine wichtige Rolle bei der Emanzipation der Frau.

Das hölzerne Pferd

Die Geschichte des Fahrrads beginnt unmittelbar nach den Napoleonischen Kriegen (1803–1815) mit dem Veloziped – einem hölzernen Rahmen mit zwei Rädern –, das vom «Fahrer» durch Abstoßen vom Boden mit den Füßen angetrieben wurde. Das Steuern war schwierig und die Fahrt auf den unbefestigten Straßen holprig. Gedacht war das Veloziped ursprünglich als Pferdeersatz. Die Kavallerien behielten jedoch ihre Pferde, und es waren die modischen jungen Männer von Paris und London, die die «Laufmaschine» für sich entdeckten und ihr den Namen «dandy-horse» gaben. In den folgenden 68 Jahren gab es etliche, aus heutiger Sicht merkwürdige Veränderungen: zusätzliche Räder – die Entwicklung von Drei- und Vierrädern – und verschiedene Formen der Kraftübertragung, darunter Pedale an der Vorderachse und Tretkurbeln.

«Sicherer als ein Dreirad, schneller und leichter als jedes Fahrrad zuvor. Mit drehbarem Lenker für bequemes Aufbewahren oder Verschicken. Weit und breit der beste Bergfahrer auf dem Markt.»

WERBUNG FÜR DAS «ROVER»-SICHERHEITSFAHRRAD 1885

Das «normale Fahrrad» der 1870er- und 1880er-Jahre wurde wegen seines überdimensionierten Vorderrads als Hochrad bekannt. Obwohl gefährlich zu fahren und schwierig zu steuern, war das Hochrad populär, weil es mit seinem großen Rad schneller und auf unbefestigten Straßen komfortabler war als das Veloziped. Gleichzeitig war es nur für Mutige und körperlich Fitte geeignet. Als der britische Fahrradhersteller John Kemp Starley (1854–1901) 1885 sein «Rover» auf den Markt brachte, griff er auf frühere Fahrradkonstruktionen wie das Veloziped und den «Knochenschüttler» zurück. Der Radler konnte mit den Füßen den Boden wieder erreichen, was das Gleichgewichthalten, Steuern, Auf- und Absteigen viel einfacher und sicherer machte. Der «Rover» erhielt daher den Beinamen «Sicherheitsfahrrad». Auch wenn er anfangs teurer, weniger komfortabel und schwerer als das Hochrad war, war er die richtige Erfindung zur richtigen Zeit. Nach der Einführung aufblasbarer Reifen, die das Fahren bequemer machte, wurde es innerhalb eines Jahrzehnts auf der ganzen Welt zum Standardfahrrad.

«Wie ein Fisch ohne Fahrrad»

Die Erfindung des Sicherheitsfahrrads wirft ein neues Licht auf den feministischen Spruch «Eine Frau ohne Mann ist wie ein Fisch ohne Fahrrad». Das Sicherheitsfahrrad spielt nämlich eine wichtige Rolle bei der Emanzipation der Frauen und dem Auftreten der «neuen Frau» im späten 19. Jahrhundert. Frauen hatten Drei- und Vierräder gefahren, aber der sittsame viktorianische Kleidungsstil hatte es ihnen unmöglich gemacht, ein Hochrad zu benutzen. Jedoch konnten Frauen sogar in bodenlangem Rock mit Sicherheitsfahrrädern fahren. Der lange Kampf für politische und soziale Emanzipation begann, als das Fahrrad den Frauen noch nie dagewesene Mobilität, Selbstständigkeit und Unabhängigkeit ermöglichte. Eine der außerordentlichsten Vertreterinnen der «neuen Frauen» war Annie Kopchovsky (1870–1947), die 1895 unter dem Namen Annie Londonderry (für den Sponsor ihrer Reise) als erste Frau in 15 Monaten um die Erde radelte. Noch schockierender als diese Tatsache war für die Viktorianer, dass Annie Kopchovsky während des größten Teils ihrer Reise weite Radfahrpumphosen trug. Diese Hosen waren zwar ähnlich offenherzig und sexy wie der Overall eines Arbeiters, aber sie zeigten trotz alledem, dass die Trägerin Beine hatte …

Das «Rover» wurde Sicherheitsfahrrad genannt, da der Fahrer mit den Füßen den Boden erreichen konnte.

FAHRRAD

Veloziped	**1817**
Tretkurbelveloziped	**1839**
Vierrad	**1853**
«Knochenschüttler»	**1863**
Hochrad	**1869**
Sicherheitsfahrrad «Rover»	**1885**

Das Hochrad von 1880 und das Sicherheitsfahrrad von 1886.

SICHERHEITS-FAHRRADS «ROVER»

[A] lenkbares Vorderrad
[B] Diamantrahmen
[C] Kette und Kettenblatt
[D] Hinterrad und Zahnkranz
[E] verstellbarer Lenker
[F] verstellbarer Sattel

Auch wenn keine der Einzelkomponenten des «Rover» wirklich neu war, schuf Starley durch deren Kombination ein modernes Fahrrad, dessen allgemeine Form und wesentliche Bestandteile sich seit 1885 kaum noch geändert haben. Der Diamantrahmen erwies sich als die stabilste und bequemste Konstruktion, sobald Luftreifen eingeführt worden waren. Die beiden Räder waren fast gleich groß (der Vorderreifen des Original-«Rover» war geringfügig größer), die Gabel war geneigt, weshalb das Rad viel leichter zu steuern war. Angetrieben wurde das «Rover» mit einer am Hinterrad befestigten Kette, die mit Tretkurbeln gedreht wurde. Im Gegensatz zum Hochrad, wo die Tretkurbeln am Vorderrad befestigt waren, konnte der Fahrer nun problemlos gleichzeitig steuern und treten.

WESENTLICHES MERKMAL:

DIE RÄDER

In unseren Augen mag es offensichtlich sein, dass zwei gleich große Räder und Kettenantrieb die sicherste und effektivste Fahrradkonfiguration sind, aber es dauerte fast ein halbes Jahrhundert, bevor die Hersteller zu den gleich großen Rädern des Velozipeds zurückkehrten.

Entwickler:

Nikola Tesla

WECHSELSPANNUNGSNETZ VON WESTINGHOUSE

Industrie

Landwirtschaft

Medien

Verkehr

Wissenschaft

Computer

Energie

Haushalt

Hersteller:

Westinghouse Electric

«Eines der wichtigsten Verkaufsargumente für [das Wechselspannungsnetz] war, dass [es] Stromübertragung über große Entfernungen erlaubte, wohingegen Edisons Gleichspannungssystem das nicht erlaubte.» **M. Schiffer, *Power Struggles* (2008)**

1887

Nikola Tesla

In den 1890er-Jahren lieferten sich das Wechselstromsystem von Westinghouse und das Gleichstromsystem von Edison einen Wettstreit über die Vorherrschaft bei der Erzeugung und dem Transport elektrischer Energie. Als Sieger ging schließlich Westinghouse aus dem Rennen.

Tod eines Elefanten

Eine der am wenigsten erbaulichen Episoden im «Stromkrieg» zwischen Wechsel- und Gleichstromsystem war die Tötung von Topsy, einer 28 Jahre alten Elefantendame, die drei Männer zu Tode getrampelt hatte (darunter einen, der sie mit einer brennenden Zigarette gefüttert hatte). Auch wenn Hängen erwogen worden war, schlug Thomas Edison (1847–1931), der große Verfechter und Lieferant von Gleichstrom in den USA, vor, Topsy mittels Wechselstrom seines Kontrahenten George Westinghouse (1846–1914) zu töten. Er hoffte, den Wechselstrom dadurch zu diskreditieren. Ein Jahrzehnt früher hatte Edison einen noch größeren publizistischen Coup gelandet, als er versicherte, dass der Elektrische Stuhl, erstmals 1890 in New York eingesetzt, ebenfalls mit Wechselstrom betrieben wurde. Am 4. Januar 1903 fütterte man Topsy (sicherheitshalber) 460 g Cyanid und versetzte ihr einen 6 600-Volt-Stromstoß. Wie Filmaufnahmen von Edison (online verfügbar) zeigen, starb das Tier fast unmittelbar und – so steht zu hoffen – schmerzfrei.

Auch wenn Edisons Film weltweit zu sehen war, hatten Edison und der Gleichstrom bereits verloren, als in den späten 1890er-Jahren die wichtigsten Industrienationen der Welt massiv in Wechselstrom investierten. Das Wechselstromsystem von Westinghouse Electric, vom genialen serbischen Ingenieur Nikola Tesla (1856–1943) entwickelt, war deutlich vielseitiger, effizienter und wirtschaftlicher als das rivalisierende Gleichstromsystem, das von Edison beworben wurde. Tesla hatte einst für Edison gearbeitet, aber der ältere Herr hatte seine Vorschläge für die Erzeugung und Übertragung von Wechselstrom in Bausch und Bogen abgelehnt; man sagt, weil Edison das mathematische Wissen fehlte, um die zugrundeliegenden Prinzipien zu verstehen. Daher rivalisierten nicht nur zwei Technologien, sondern auch die handelnden Personen: Edison auf der einen, Westinghouse und Tesla auf der anderen Seite.

Entwickler:

Emile Berliner

BERLINERS GRAMMOPHON

Hersteller:

Berliner Gramophone Co.

Industrie

Landwirtschaft

Medien

Verkehr

Wissenschaft

Computer

Energie

Haushalt

1887

«Phonograph» und Wachszylinder datieren über ein Jahrzehnt vor «Grammophon» und Schallplatte. Den ersten Formatkrieg der Tonindustrie gewann das Grammophon. Der Zylinder ist nun ein historisches Kuriosum, während für den Enthusiasten die Vinylplatte immer noch das Nonplusultra der Tonwiedergabe darstellt.

Emile Berliner

Die Formatkriege des 19. Jahrhunderts

In den letzten Jahrzehnten haben wir uns daran gewöhnt, dass Tonwiedergabeformate einander in schwindelerregender Geschwindigkeit ablösen. Ich bin mit Vinylplatten aufgewachsen und habe Magnettonband (S. 150), Tonbandkassette (siehe «Walkman», S. 192), Achtspurkassette, CD, DAT und MiniDisc erlebt, jedes als das Nonplusultra der Tonwiedergabe gepriesen und nun alle obsolet, abgelöst durch rein digitale Formate. Die konventionelle Schallplatte, 1888 von Emile Berliner (1851–1929) erfunden und im Folgejahr auf den Markt gebracht, überdauerte sieben Jahrzehnte, während sich Tonband und Kassette jeweils nur wenige Jahrzehnte hielten. Jedoch finden wir ganz zu Beginn der Tonträgerindustrie eine ähnliche rasche Aufeinanderfolge von Formaten, wie wir sie aus den letzten Jahrzehnten kennen. Sie dauerte an, bis man sich auf die Platte als gemeinsamen Standard einigte. Das Äquivalent des späten 19. Jahrhundert zum Verhältnis Vinyl-LP zu CD war Wachszylinder gegen Grammophonplatte.

Wie allgemein bekannt ist, entwickelte der produktive Erfinder Thomas Edison (1847–1931) 1877 den «Phonographen». Die Geschichte ist jedoch etwas komplizierter: Es gab vor ihm schon andere Erfinder, die ähnliche Maschinen erfanden. Edison war jedoch der erste, der die Idee patentierte und ein fertiges Produkt auf den Markt brachte. Sein Phonograph, der sowohl aufzeichnen als auch wiedergeben konnte, nutzte keine Platten, sondern Zylinder – zunächst aus Zinnfolie, die später durch Wachs ersetzt wurden. Der Zylinder hat manche Vorteile, insbesondere was die konstante Abspielgeschwindigkeit angeht, und hielt sich bis 1829, als Edison ihn zurückzog und so den Sieg der Platte anerkannte. Zehn Jahre nach Edisons Phonograph patentierte Emile Berliner das «Grammophon», das zunächst auch einen Zylinder verwendete. Wenig später produzierte Berliner dann aber seine ersten Schallplatten.

«Um zum Hauptmenü zurückzukehren, drücken Sie die ...»

Der Phonograph verdankt seine Erfindung dem Telefon, denn Edison war ursprünglich auf der Suche nach einer Möglichkeit, telefonische Mitteilungen aufzuzeichnen und wiederzugeben. Hätte er seine Idee realisiert, hätten wir das Vergnügen (oder eher Missvergnügen) automatisierter Telefondienste schon ein Jahrhundert früher gehabt. Glücklicherweise war die Tonaufzeichnungstechnik damals noch nicht weit genug entwickelt. Berliner interessierte sich ebenfalls für das Telefon. Wie der Erfinder der Linotype hatte er Europa verlassen, um den eingeschränkten Möglichkeiten seiner Geburtsstadt Hannover zu entfliehen und dem Einsatz im Deutsch-Französischen Krieg (1870–1871) zu entgehen. 19 Jahre alt und nur mit wenigen Dollar in der Tasche, ging er in New York an Land. Wie viele andere Immigranten, die auf ihre neue Heimat große Hoffnungen setzten, war Berliner ehrgeizig und fleißig, aber nur gering qualifiziert. Seine formale Ausbildung in Hannover endete im Alter von 14 Jahren; seine Arbeitserfahrungen sammelte er im Textilgeschäft der Familie. Berliner ließ sich zuerst in Washington D.C. nieder, wo er in einer Kurzwarenhandlung arbeitete. Nach seinem Umzug nach New York hielt er sich mit Gelegenheitsarbeiten über Wasser und nahm am Cooper Institute Abendunterricht in Physik und Elektrotechnik. Danach machte er in seinem privaten Labor Versuche mit elektrischen Geräten und entwickelte einen verbesserten Schallwandler für den Telefonapparat von Bell.

Thomas Edison, der Verlierer des ersten «Formatkriegs».

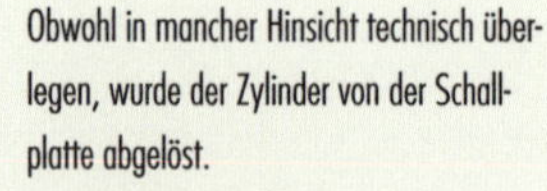

Obwohl in mancher Hinsicht technisch überlegen, wurde der Zylinder von der Schallplatte abgelöst.

Ton wurde mittels Hebelsystem auf eine Membran und dann auf den Schalltrichter übertragen.

In die Rille

Bei Formatkriegen gewinnt nicht notwendigerweise die beste Technologie, wie wir im Kapitel zum Videorekorder (S. 184) noch sehen werden. Preis, problemlose Produktion, Produktdesign, Marketing und viele andere Faktoren können für den Verbraucher weitaus wichtiger sein als technische Finesse. Was Tonaufnahme und -wiedergabe angeht, war die Platte dem Zylinder nicht grundsätzlich überlegen. Im Gegenteil, technisch stellte die konstante Geschwindigkeit beim Zylinder einen Vorteil dar, während bei der Platte die Geschwindigkeit abnahm, wenn die Nadel sich dem Zentrum näherte. Außerdem war Edisons Phonograph viel besser als Berliners erstes Grammophon.

«[Berliner] begann mit Platten zu experimentieren, auf die Ton in Seitenschrift eingraviert werden konnte statt vertikal auf Zylindern, und dies führte schnell zu einer photogravierten Aufzeichnung, die mittels einer Nadel abgetastet und über eine Schalldose wiedergegeben werden konnte.»

Billboard, 15. September 1973

TONAUFZEICHNUNG

- **1857** Phonoautograph
- **1877** Paléophon
- **1877** Phonograph
- **1881** Graphophon
- **1887** Grammophon

Nicht nur war die Tonwiedergabe überlegen, der Phonograph konnte auch aufnehmen; die Wachsoberfläche des Zylinders konnte abgeschliffen und wiederverwendet werden. Die Platte ließ sich jedoch viel einfacher und preiswerter durch Prägung in großen Mengen produzieren und benötigte bei Aufbewahrung und Transport weniger Platz. Berliners erste Schallplatten hatten 12,7 und 17,5 cm Durchmesser und waren nur einseitig bespielt. Zu Beginn des 20. Jahrhunderts wurden sie ersetzt durch das, was die standardisierte doppelseitige 25,4-cm-Platte mit einer Geschwindigkeit von 78 Umdrehungen pro Minute werden sollte.

Berliner bei der Vorstellung seiner Ausrüstung zur Tonaufzeichnung.

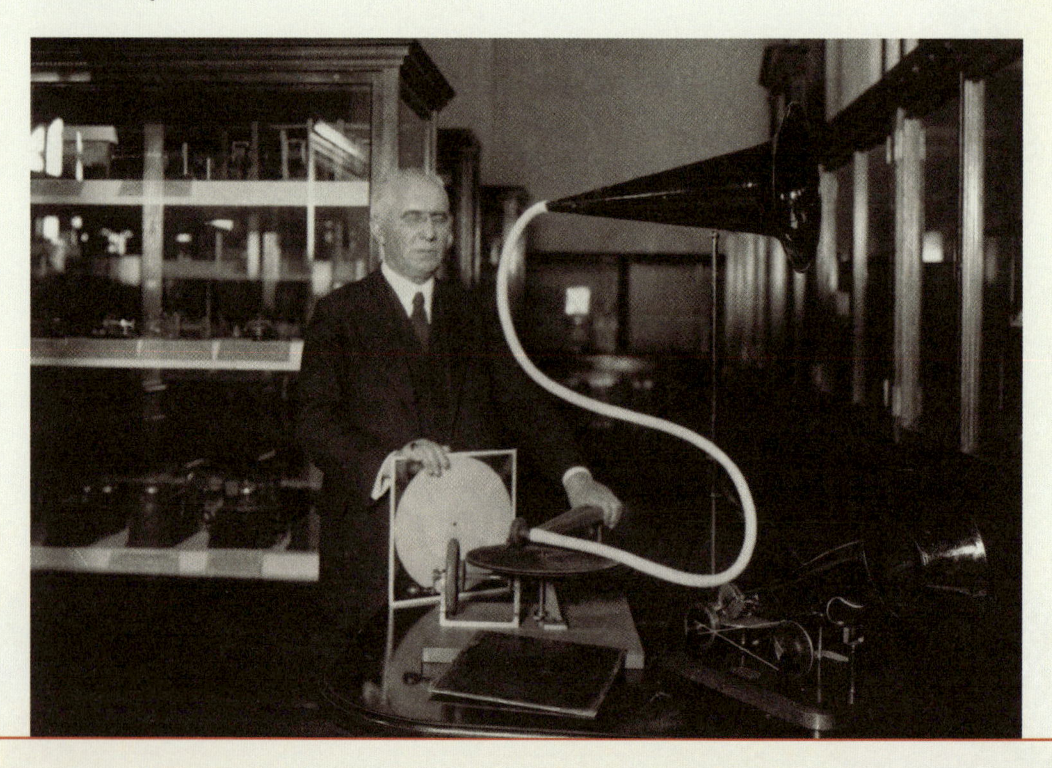

AUFBAU DES ...

BERLINERS GRAMMOPHON

WESENTLICHES MERKMAL:

SCHALLPLATTE

Wesentliches Element ist der Tonträger, den das Grammophon abspielte. Die Platte war dem Zylinder technisch nicht überlegen, ließ sich aber billiger und bequemer herstellen und benötigte weitaus weniger Platz. Von 1895 bis zur Einführung von Vinyl in den 1940er-Jahren bestanden die Platten aus sprödem Schellack, gemischt mit pulverisierten Steinen und wurde schwarz gefärbt.

[A] Schalltrichter
[B] Drehteller
[C] Nadel und Schalldose
[D] Kurbel

Die frühesten Versionen von Berliners Grammophon, 1889 gebaut, waren extrem einfache Geräte, die als Bausatz verkauft und als Kinderspielzeug vermarktet wurden. Die komplexesten technischen Komponenten waren die Platten, die es abspielte, und die Schalldose, die die Vibrationen, die von den Rillen der Platte durch die Nadel aufgenommen wurden, in Ton verwandelte. Die Schallverstärkung erfolgte durch einen Metalltrichter, der direkt an Nadel und Schalldose befestigt war. Wie man sich vorstellen kann, war die Klangqualität der frühen Modelle sehr schlecht. Der Plattenteller wurde per Hand angetrieben, spätere Modells waren mit einem Federwerk ausgerüstet, sodass kein Bediener mehr die Kurbel drehen musste, gleichzeitig war eine konstante Abspielgeschwindigkeit gewährleistet.

17

Entwickler:

Léon Bouly

«CINÉMATOGRAPHE» DER BRÜDER LUMIÈRE

Hersteller:

Lumière-Gesellschaft

Industrie

Landwirtschaft

Medien

Verkehr

Wissenschaft

Computer

Energie

Haushalt

1895

Der «Cinématographe» der Brüder Lumière war eine außerordentliche Maschine: Filmkamera, Kopiergerät und Filmprojektor in einem. Er war zwar nicht das erste Gerät, mit dem Bewegungen auf Film festgehalten werden konnten, aber die Brüder Lumière legten mit dem Cinématographen den Grundstein für das moderne Kino.

Licht, Kamera, Action!

Wie viele andere Schlüsselerfindungen der zweiten industriellen Revolution werden Filmkamera und Filmprojektor traditionell einem einzigen Erfinder zugeschrieben – in diesem Fall jedoch einem Duo: den Brüdern Lumière, Auguste (1862–1954) und Louis (1864–1948). Aber wie Grammophon, Wählscheibentelefon und Glühbirne verdanken sie ihre Entwicklung der Arbeit vieler weiterer Einzelpersonen. Die Idee der Projektion eines Bilds auf eine Leinwand mit einer Camera obscura geht auf die Antike zurück. Für die meisten Filmhistoriker jedoch beginnt die Geschichte des Filmemachens mit einfachen Animationsgeräten wie dem «Phenakistiskop» und dem «Zoetrop». Als diese Geräte mit Fotos und einer Lichtquelle kombiniert wurden, wie im «Zoopraxiskop» des Fotografen Eadweard Muybridge (1830–1904), gelang erstmals etwas, was der modernen Filmprojektion ähnlich ist.

Der Cinématographe konnte sowohl als Kamera als auch als Projektor verwendet werden.

In der Geschichte der frühen Filmtechnologie begegnen wir einem wohlbekannten Namen: Thomas Edison (1847–1931). Edison war an vielen der großen Erfindungen des letzten Viertels des 19. Jahrhunderts beteiligt, auch wenn er sich beim «Kinetoskop» wie beim Grammophon und der Stromerzeugung nicht durchsetzen konnte.

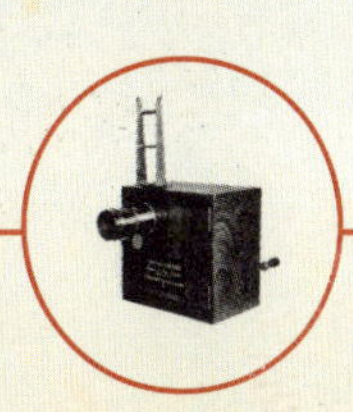

Zwar wurde mit dem Gerät das 35-mm-Filmformat eingeführt, das zum Industriestandard wurde, aber die Bilder konnten nur von einer Person betrachtet werden, wie bei den späteren Münzautomaten, die auf Jahrmärkten und in Spielhallen schlüpfrige Filme zeigten. Mit dem «Cynématographe Léon Bouly» konstruierte der Franzose Léon Bouly (1872–1932) ein Gerät, das bewegte Bilder nicht nur aufzeichnen, sondern sie auch auf eine Leinwand projizieren konnte. Unglücklicherweise hatte Bouly nicht die Mittel, seine Erfindung zu vermarkten oder die Gebühren für sein Patent zu zahlen, das von den Brüdern Lumière erworben wurde, den Eigentümern eines großen Fotografengeschäfts in Lyon.

Die Lumières

Die Brüder Lumière verbesserten Boulys Cynématographe und patentierten 1895 ihre eigene Konstruktion, den «Cinématographe». Es besteht Uneinigkeit, ob sie Edisons Kinetoskop 1894 in Paris sahen, bevor sie ihr eigenes Gerät fertigstellten, aber ausnahmsweise gab es in diesem Falle kein Patentverletzungsverfahren; der Streit hat daher vermutlich mehr mit nationalem Stolz zu tun, wer – die Amerikaner oder die Franzosen – das Kino erfanden. Jedoch war die Nutzung von Edisons Kinetoskop eine individuelle Angelegenheit und es waren die Brüder Lumière, die das erste Kinoerlebnis für sich beanspruchen können.

BEWEGTE BILDER

- **1832** Phenakistiskop
- **1834** Zoetrop
- **1879** Zoopraxiskop
- **1889** Chronophotograph
- **1891** Kinetoskop
- **1894** Mutoskop
- **1892** Cynématographe
- **1895** Cinématographe

Auch wenn sie Kinopioniere waren, wandten sich die Brüder Lumière von diesem Medium ab, um sich auf Standfotografie zu konzentrieren.

Ein Werbeplakat für die ersten «Kinovorstellungen».

Nach mehreren privaten veranstalteten die Brüder am 28. Dezember 1895 ihr erste öffentliche Filmvorführung im Untergeschoss des Pariser Grand Café und verlangten einen Franc (nach heutigen Preisen € 4.-). Das Programm umfasste zehn Filme von jeweils 38 bis 49 Sekunden Länge, darunter die Dokumentarfilme «Arbeiter beim Verlassen der Lumière-Fabrik», «Goldfisch-Angeln» und «Schmiede» sowie einen Comic «Der Gärtner oder der Sprinkler sprengt». 1896 unternahmen sie mit dem Cinématographen eine Weltreise, auf der sie Indien, die Vereinigten Staaten, Kanada und Argentinien besuchten. Trotz ihres wirtschaftlichen Erfolgs sowohl bei Verkauf der Geräte als auch bei der Vorführung ihrer Kurzfilme, hielten die Brüder das Kino für eine «Erfindung ohne jede Zukunft». Sie kehrten dem Filmgeschäft den Rücken, um sich auf ihre erste Liebe, die Standfotografie, zu konzentrieren. 1903 patentierten sie ihr eigenes Farbfilmentwicklungsverfahren: «Autochrome Lumière».

«Diese leichtgewichtige 16-Pfund-Handkurbel-Kamera erfüllte drei Aufgaben: Filmen, Kopieren und Projizieren bewegter Bilder [.] Auf diese Weise konnte der Bediener morgens Filmmaterial aufnehmen, den Film nachmittags kopieren und ihn am selben Abend einem Publikum vorführen.»

R. Lanzoni, *French Cinema* (2004)

Aufbau des ...

«CINÉMATOGRAPHE» DER BRÜDER LUMIÉRE

[A] Kurbel
[B] Linse
[C] Sucher

Der Cinématographe ist ein außerordentliches Drei-in-einem-Gerät, mit dem man Filme aufnehmen, kopieren und vorführen konnte. Im Aufnahmemodus drehte der Bediener die Kurbel zweimal pro Sekunde, um den perforierten Film (mit zwei Löchern, nicht mit vier wie beim Standard-35-mm-Film), mit einer Geschwindigkeit von 16–18 Bildern/Sekunde am Verschluss vorbeizuführen.

«Der Cinématographe war insbesondere tragbar und als Kamera, Projektor und Filmkopierer nutzbar, sodass das Bedienungspersonal bei den Pioniervorführungen durchschlagenden Erfolg erzielte, als es rund um den Globus reiste und das Ergebnis seiner Filmarbeiten zurück nach Lyon schickte.

Deac Rossell, *Living Pictures: The Origins of the Movies* (1998)

Schnitt durch den Cinématographen.

Teil des Exzentermechanismus.

Wie die heutigen Plattenkameras konnte der Cinématographe nur draußen bei vollem Tageslicht verwendet werden, da die künstliche Beleuchtung zu jener Zeit nicht stark genug war, um Filmen in Gebäuden oder nachts zu erlauben. Er war auch äußerst beschränkt, was die Länge der Filme anging: Die Filme der Brüder Lumière waren im Durchschnitt kürzer als eine Minute.

WESENTLICHES MERKMAL:
DER EXZENTERGESTEUERTE GREIFER

Wenn der Bediener die Kurbel drehte, verwandelte der patentierte Exzentermechanismus die Rotation in eine Vertikalbewegung, die den Film am Verschluss vorbeizog. Die Exzenterscheibe bewegte einen flexiblen Rahmen mit zwei Nadeln, die durch die beiden Perforationen im Filmvorrat griffen und diesen mit der richtigen Geschwindigkeit von 16 Bildern/Sekunde hindurchführten. Da der Projektor mit der Handkurbel betrieben wurde, war eine gewisse Fertigkeit des Bedieners erforderlich, um die Filme in der richtigen Geschwindigkeit vorzuführen.

Exzenter wurden auch bei der Konstruktion von Dampfmaschinen benutzt.

Dies blieb die Standardbildfrequenz, die erst beim Aufkommen von Tonfilmen auf 24 Bilder/Sekunde vergrößert wurde. Um positive Projektionskopien von einem entwickelten Negativ zu machen, führte der Bediener einen unbelichteten Film zusammen mit dem Negativ durch das Gerät, wobei die Kamera auf eine gleichförmige Lichtquelle gerichtet war. Im Vorführmodus lief der Film durch den Cinématographen und wurde mithilfe einer externen Lichtquelle auf die Leinwand projiziert.

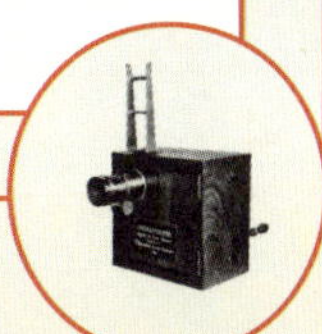

18

Entwickler:
Guglielmo Marconi

FUNK-TELEGRAF

Industrie

Landwirtschaft

Medien

Verkehr

Wissenschaft

Computer

Energie

Haushalt

Hersteller:
Wireless Telegraph & Signal Company

1897

Wie die Erfindung des Telefons und der Glühbirne ist die Geschichte des Funktelegrafen ein Minenfeld von Klagen und Gegenklagen. Die meisten Historiker sind sich heute einig, dass Marconi nicht der Erfinder war, auch wenn er «drahtlose Telegrafie» kommerziell nutzbar machte. Er baute auf früheren Theorien und Experimenten auf und kombinierte und verbesserte vorhandene Komponenten, um ein verlässliches drahtloses Kommunikationssystem zu schaffen. Und er war der großartige Unternehmer, der es der Welt verkaufte.

Wie die drahtlose Telegrafie zum Untergang der *Titanic* beitrug

Am 10. April 1912 startete die RMS *Titanic* zu ihrer Jungfernfahrt von Southampton in England, nach New York (USA). Sie hatte zwar zu wenige Rettungsboote, war aber mit der allerneuesten Technik ausgerüstet, darunter zwei Funktelegrafen, mit denen frühzeitig vor der allgegenwärtigen Gefahr im frühlingshaften Nordatlantik gewarnt werden konnte: Eisbergen. Auf die erhaltenen Informationen reagierend, setzte der Kapitän der *Titanic* einen südlicheren Kurs. Unglücklicherweise dampfte er direkt auf noch mehr Eisberge zu. Am 14. April empfingen die Funker der *Titanic* mehrere Eisbergwarnungen, aber da sie Angestellte von Marconi waren und die Firma dafür bezahlt wurde, einen lukrativen Drahtlostelegrafiedienst für die Passagiere der ersten Klasse bereitzustellen, gaben sie die Warnungen nicht an die Brücke weiter.

Eine Marconi-Sende-Empfangsanlage von 1912, identisch mit denen, die sich an Bord der *Titanic* befanden.

Gegen 23:40 Uhr stieß die *Titanic* mit einem Eisberg zusammen und schlug leck. Die Funktelegrafen hätten jetzt zumindest die rechtzeitige Rettung von Passagieren und Besatzung sicherstellen können. Einige Schiffe empfingen die CQD- und neuen SOS-Notsignale, jedoch war keines nahe genug, um die *Titanic* vor dem Sinken erreichen zu können. Die SS *Californian* war am nächsten dran, hatte aber wegen des Eises ihre Fahrt für die Nacht gestoppt, ihr Funker schlief und das Funkgerät war abgeschaltet, weshalb sie der Notruf nicht erreichte. Man erzählt sich, dass der Funker der *Titanic* den der *Californian* verstimmt hatte, weil er eine frühere Eisbergwarnung abgewiesen hatte, da er zu sehr mit Funkverkehr für die Passagiere beschäftigt war. Tragischerweise trugen also die Marconi-Geräte an Bord der *Titanic* statt zur Rettung zum Verlust von 1517 Menschenleben bei.

FUNK

«Marconi zeigte Unternehmereigenschaften, hatte ein Talent dafür, Öffentlichkeit herzustellen, und schien bei der kommerziellen Nutzung der neuen drahtlosen Technologie erfolgreich zu sein.»

J. Klooster, Icons of Invention (2009)

Drahtlose Kommunikation

Bis zu den 1870er-Jahren, als die SS *Great Eastern* erfolgreich Tausende von Kilometern Unterseekabel verlegte, war die einzige Möglichkeit der Kommunikation zwischen entlegenen Regionen der Welt jene per Dampfschiff. Eine Nachricht von London nach New York benötigte eine Woche oder länger, Post nach Australien konnte Monate unterwegs sein. Telegrafie per Kabel veränderte die Welt, indem sie die Kontinente erstmals verband, aber sie konnte nicht zur Kommunikation zwischen Schiff und Küste oder zwischen Schiff und Schiff genutzt werden. Sobald die kabelgebundene Telegrafie perfektioniert war, begann der Wettlauf um die Möglichkeit drahtloser Kommunikation. James Clerk Maxwell (1831–1879) stellte 1873 die Theorie der drahtlosen Kommunikation mittels elektromagnetischer Wellen auf. Bestätigt wurde sie durch praktische Experimente von Heinrich Hertz (1857–1894), der möglicherweise für sich hätte beanspruchen können, der erste gewesen zu sein, der absichtlich Radiowellen aussandte und empfing. Er sah jedoch keinen Nutzen in seiner Entdeckung. Kurz nach seiner erfolgreichen Vorführung sagte er: «Ich glaube nicht, dass die elektromagnetischen Wellen, die ich entdeckt habe, praktische Anwendung finden werden.»

Andere, darunter Nikola Tesla (1856–1943) und Guglielmo Marconi (1874–1937), sahen in seiner Entdeckung den Schlüssel zu einem kommerziellen System drahtloser Übertragung zur Nutzung auf Schiffen. Tesla führte seinen Radiotransmitter und Empfänger 1893 in Philadelphia und Chicago vor; verschiedenen anderen in den USA, Großbritannien, Indien und Russland gelang es ebenfalls, vor Marconi Radiosignale zu übertragen, aber keiner dieser talentierten Erfinder konnte seine Entdeckung erfolgreich vermarkten. Ein weiterer entscheidender Schritt in der Geschichte der drahtlosen Kommunikation war 1890 die Entwicklung eines Detektors für Radiowellen durch Édouard Branly (1844–1940); sein Gerät ist als Kohärer bekannt.

Guglielmo Marconi war der großartige Unternehmer, der der Welt die drahtlose Kommunikation verkaufte.

Die Queen bleibt informiert

Der «drahtlose Telegraf», den Marconi 1897 zum Patent anmeldete, unterschied sich deutlich von der Stimm- und Musikübertragung, die wir heute als Radio kennen. Die ersten Stimmübertragungen lagen immer noch 10 Jahre in der Zukunft, kommerzielle Radioübertragungen begannen erst in den 1920er-Jahren. Frühe Geräte kommunizierten per Morse-Code – Kombinationen von kurzen (Punkten) und langen (Strichen) Impulsen, die die Buchstaben des Alphabets repräsentierten (z. B. S.O.S. = • • • – – – • • •).

1894 begann Marconi mit einer Anlage zu experimentieren, die auf dem Modell des Laborapparats von Hertz beruhte. Seine ersten Übertragungen fanden im Garten des Hauses seiner Familie in Bologna statt, aber bald vergrößerte er die Reichweite seiner Signale auf über 1,6 km. Zunächst bot er seine Erfindung der italienischen Regierung an, als sie ablehnte, arrangierte er eine Vorführung für das British General Post Office. 1896 gelang es ihm, 12,9 km zu überbrücken, was die Verlässlichkeit drahtloser Kommunikation bewies. 1898 eröffnete er seine erste Fabrik in Chelmsford, England. Im Dezember desselben Jahres landete Marconi einen öffentlichkeitswirksamen Coup, als er eine drahtlose Verbindung zwischen der königlichen Jacht, auf der der Prince of Wales sich nach einer Verletzung erholte, und Osborne House, Queen Victorias (1819–1901) Residenz auf der Isle of Wight, herstellte.

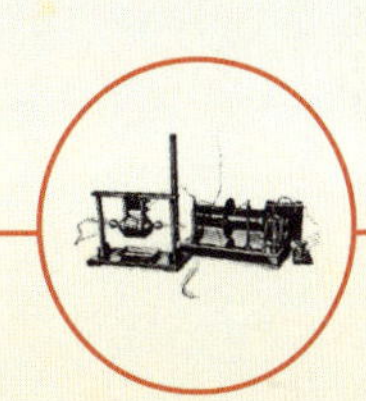

Marconis Knallfunkensender

[A] Antenne
[B] Funkenstrecke
[C] Induktionsspule
[D] Batterie
[E] Morsetaste
[F] Kohärer

[A]
[C]
[D]
[B]
[E]
[F]

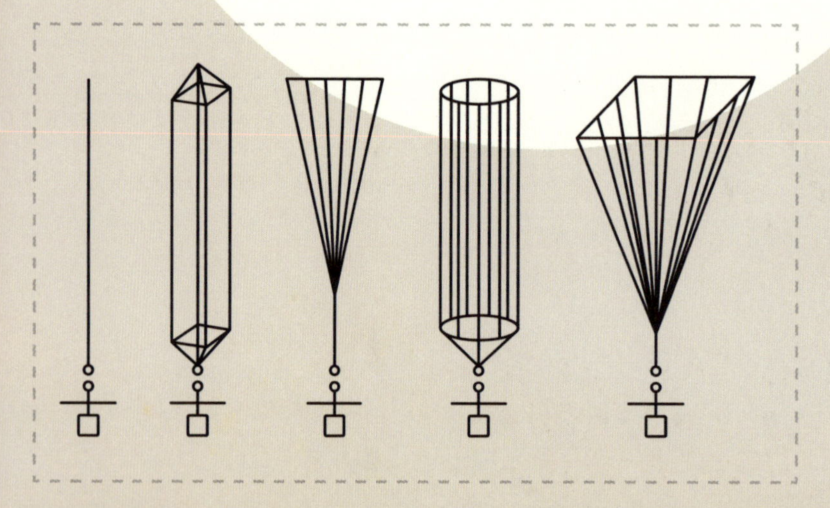

Verschiedene Antennentypen aus der Anfangsphase der drahtlosen Telegrafie.

Marconis erste Funktelegrafen waren Knallfunkensender für Morseübertragungen. Der Sender bestand aus einem Funkeninduktor, einer Morsetaste und einer Stromquelle. Ein Funkeninduktor kombiniert einen Elektromagneten mit einem Hochspannungstransformator. Drückt der Bediener die Morsetaste, fließt Batteriestrom in den Induktor. Dadurch wird die Primärspule magnetisch und zieht eine Metallstange an, an der ein Kontakt befestigt ist. Der Kontakt öffnet und unterbricht den Stromfluss zur Spule, wodurch das Magnetfeld wieder zusammenbricht, der Kontakt schließt. Der dadurch pulsierende Strom in der Primärspule induziert gleichzeitig Hochspannung in der Sekundärspule, mit der ein abgestimmter Parallelschwingkreis und ein Paar Funkenstrecken verbunden sind. Wenn die Morsetaste gedrückt wird, entstehen so Funken, die den Schwingkreis mit der Antenne verbinden, sodass diese eine Reihe gedämpfter Oszillationen in der Frequenz des abgestimmten Schwingungskreises aussendet. Antenne und Erde erlaubten es, das Signal über beträchtliche Entfernungen zu übertragen.

Dieser frühe Knallfunkensender, von Radiguet & Massiot um 1900 hergestellt, wurde auf Schiffen benutzt und hatte eine Reichweite von rund 10 km.

WESENTLICHES MERKMAL:

KOHÄRER

Frühe Empfänger nutzten Kohärer, um Radiowellen zu empfangen. Der von Édouard Branly konstruierte Kohärer bestand aus einer mit Metallspänen gefüllten Röhre. Floss hochfrequenter Strom durch die Späne, verklebten sie, der elektrische Widerstand sank. Um die Späne wieder voneinander zu lösen, musste der Kohärer mechanisch erschüttert werden.

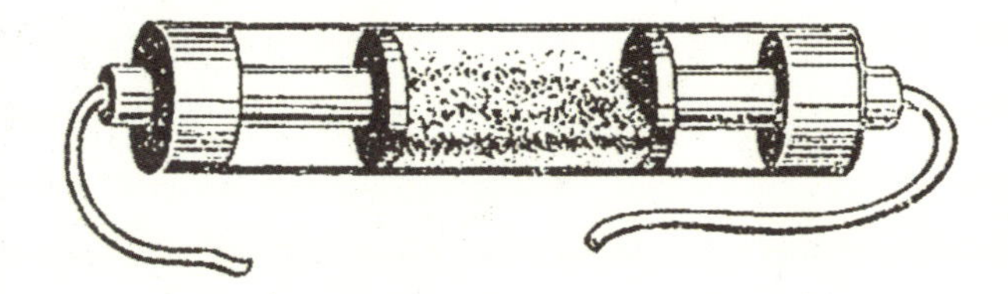

Édouard Branlys Kohärer war ein wichtiger Teil früher Funktelegrafen.

19

Entwickler:

Rudolf Diesel

DIESEL-MOTOR

Hersteller:

Maschinenfabrik Augsburg

Industrie

Landwirtschaft

Medien

Verkehr

Wissenschaft

Computer

Energie

Haushalt

1897

Die Dampfmaschine trieb die erste industrielle Revolution an, aber sie war extrem ineffizient, damit ressourcenverschwenderisch und kostspielig zu betreiben und verschmutzte obendrein die Luft. Rudolf Diesel träumte davon, eine wirklich effiziente Maschine zu schaffen. Sein Dieselmotor, 1892–1893 entworfen und 1897 erfolgreich gebaut, war eine der Schlüsselerfindungen, die zum Erfolg der zweiten industriellen Revolution beitrugen.

Ein brennendes Problem

Wasserkraft und Dampf trieben die erste industrielle Revolution an. Allerdings war die stationäre Dampfmaschine, die Mühlen, Bergwerke und Fabriken antrieb, mit einem thermischen Wirkungsgrad von 10–15 % extrem ineffizient. Ressourcen und Geld wurden verschwendet, und sie verursachte Luftverschmutzung riesigen Ausmaßes. Zwar war Umweltverschmutzung anders als heute kein brennendes Problem, aber trotzdem strebten die Ingenieure danach, einen Motor mit einem Wirkungsgrad zu schaffen, der dem des idealen Motors, wie ihn 1824 Nicolas Carnot (1796–1832) vorgeschlagen hatte, nahekam. Carnot beschrieb mit dem nach ihm benannten vierstufigen Kreislaufprozess eine ideale «Wärmemaschine». Wärme wird von einer Hochtemperaturquelle auf ein Arbeitsmittel übertragen, das sich ausdehnt und den Kolben antreibt. Da Kolben und Zylinder perfekt isoliert sind, wird weder Wärme gewonnen noch geht sie verloren. Das Arbeitsmittel dehnt sich aus und kühlt sich dabei ab. Das sich abkühlende Arbeitsmittel überträgt Wärme auf das Kältereservoir. Die Kompression des Arbeitsmittels im isolierten Motor führt zu dessen Erhitzung, das Stadium von Schritt 1 ist wieder erreicht.

«Als ich in den frühen Neunzigerjahren damit begann, meinen Motor zu konstruieren, waren die ersten Versuche ein völliger Fehlschlag. Die enormen Drücke und die Reibung zwischen den beweglichen Teilen in bis dahin unbekannter Höhe zwangen mich dazu, die Beanspruchung jedes Einzelteils genau zu untersuchen und mich tief in die Materialwissenschaft einzuarbeiten.»

RUDOLF DIESEL, ZITIERT IN G. PAHL, *BIODIESEL* (2008)

Der Italiener Barsanti-Matteucci patentierte 1857 in Großbritannien den ersten kommerziellen Viertakt-Verbrennungsmotor. Seine volle Leistungskraft erreichte dieser Motor-Typ, der mit Zündkerzen elektrisch gezündet wird, erst mit den Verbesserungen der deutschen Ingenieure Nikolaus Otto (1832–1891) und Eugen Langen (1833–1895). Der Otto-Motor ist viel effizienter als der Dampfmotor, sein thermischer Wirkungsgrad kommt aber nicht im Geringsten an den des Carnot-Prozesses heran. Er liegt bei modernen Motoren im Durchschnitt bei 30 %.

Der Ingenieur verschwindet

Am Abend des 29. September 1913 ging der deutsche Ingenieur und Erfinder des Dieselmotors, Rudolf Diesel (1858–1913), in Antwerpen an Bord einer Englandfähre. Nichts an dieser Reise war geheim. Diesel reiste zu einem Routinetreffen mit den britischen Herstellern seiner Motoren. Er zog sich um 22 Uhr auf seine Kabine zurück und bat den Steward, ihn um 6:15 Uhr zu wecken.

Am nächsten Morgen war seine Kabine leer. Eine Suche war vergeblich. Zehn Tage später fand ein niederländisches Fischerboot eine im Kanal treibende Leiche, die in so schlechtem Zustand war, dass die Besatzung sie nicht an Bord nehmen konnte. Stattdessen nahm sie persönliche Gegenstände des Toten an sich, die bei seiner Identifizierung von Nutzen sein konnten. Im Oktober bestätigte Rudolf Diesels Familie, dass die Gegenstände dem Vermissten gehörten.

Diesels wichtigster Biograf glaubte, dass Diesel, niedergeschlagen und infolge Arbeitsüberlastung erschöpft, einen mentalen Zusammenbruch erlitten und sich selbst das Leben genommen hat.

Der Barsanti-Matteucci-Motor, der erste kommerzielle Verbrennungsmotor, hätte nicht in ein Auto gepasst. Der große stehende Motor war dazu bestimmt, Schwerindustrieanlagen und Ozeanriesen mit Energie zu versorgen.

Aber zu jener Zeit schossen Verschwörungstheorien in der britischen Presse ins Kraut. Angesichts der politischen Spannungen wurde gemutmaßt, der deutsche Militärgeheimdienst habe eine Hand im Spiel gehabt, um zu verhindern, dass Diesel noch mehr seiner Erfindungen an die Briten weitergab. Eine jüngere Theorie besagt, dass er im Auftrag der Ölindustrie ermordet wurde, da er Motoren plante, die mit «Biodiesel» betrieben werden können, eine Bedrohung für das lukrative Monopol der Ölfirmen bei der Produktion der Treibstoffe für Verbrennungsmotoren. Obwohl mehr als ein Jahrhundert vergangen ist, wurde nie ein Beweis für ein Komplott aufgedeckt, daher ist ein Suizid wahrscheinlich.

VERBRENNUNGSMOTOR

- **1807** Wasserstoffmotor
- **1807** Pyréolophore
- **1857** Barsanti-Matteucci-Motor
- **1870** Erster Marcus-Wagen
- **1877** Viertaktmotor von Otto
- **1879** Zweitaktmotor von Benz
- **1882** Atkinson-Motor
- **1897** Dieselmotor

Der Dieselvorteil

Diesel träumte davon, einen Motor zu schaffen, der so effizient war wie Carnots idealer Motor, und obwohl in der Theorie Dieselmotoren einen Wirkungsgrad von 75 % erreichen können, sind es in der Praxis maximal 50 %, im Durchschnitt werden rund 45 % erreicht. Demgegenüber stehen 30 % bei den meisten Otto-Motoren (siehe oben). Der bessere thermische Wirkungsgrad des Dieselmotors bedeutet natürlich, dass er für dieselbe Arbeit weniger Treibstoff verbraucht. Dieselöl kann preiswerter hergestellt werden als Benzin und leichter durch Biokraftstoffe ersetzt werden, ohne dass dazu teure Veränderungen am Motor erforderlich sind. Diesel ist kein «grüner Treibstoff», aber es entsteht nur sehr wenig Kohlenmonoxid (CO), weshalb er sich für den Einsatz in Bergwerken und Unterseebooten gut eignet. Da ein Dieselmotor keine Hochspannungszündanlage hat, ist er viel einfacher aufgebaut als ein Benzinmotor, was ihn auch zuverlässiger macht. Die hohen Drücke bei Dieselmotoren bedeuten, dass sie viel stabiler konstruiert sein müssen als Benzinmotoren; ihre Lebensdauer ist aber auch viel länger. Diese Vorteile machten den Dieselmotor zu einer naheliegenden Wahl beim Ersatz des Dampfs und beim Betrieb der Schwerindustriefabriken und Förderanlagen der zweiten industriellen Revolution.

AUFBAU DES ...

DIESELMOTORS

[A] Luftzufuhr
[B] Einspritzventil
[C] Zylinder
[D] Kolben
[E] Pleuel
[F] Kurbelwelle

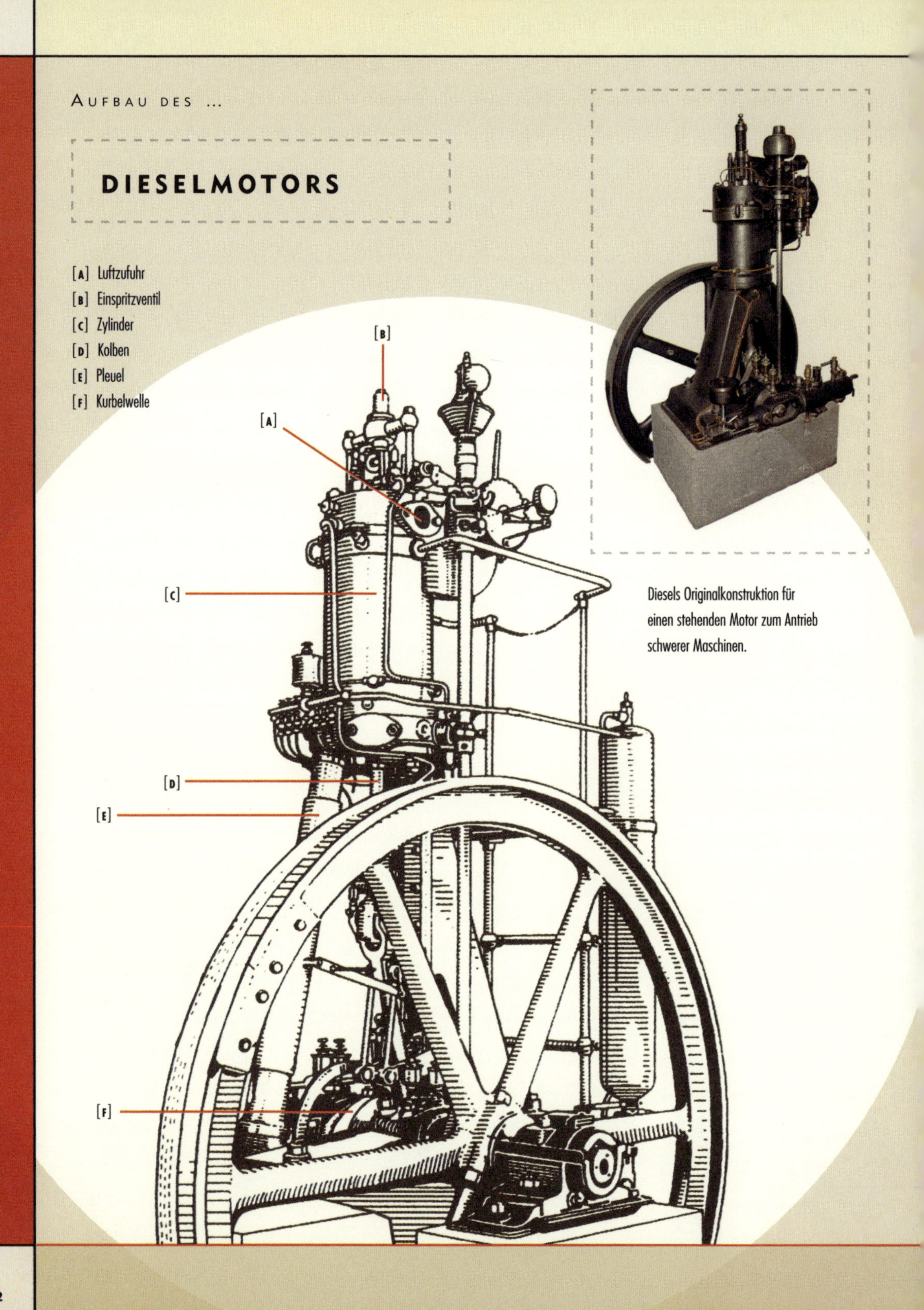

Diesels Originalkonstruktion für einen stehenden Motor zum Antrieb schwerer Maschinen.

Ein Dieselmotor ist ein Verbrennungsmotor, der Kompressionszündung statt elektrischer Zündung verwendet. Diesels ursprüngliche Konstruktion war ein stehender Einkolbenmotor, der ein großes Schwungrad antrieb. Der Motorzyklus umfasst die folgenden vier Arbeitsschritte oder «Takte»: (1) Ansaugen: Luft wird durch das Einlassventil in den Zylinder gesaugt. (2) Verdichten und Zünden: Bei geschlossenen Ventilen wird die Luft bis zu einem Druck von 4,0 MPa komprimiert und erhitzt sich dabei auf 550 °C. Kurz vor Erreichen des oberen Totpunkts wird Kraftstoff feinstverteilt in die Brennkammer gespritzt. Der Sprühnebel wird durch die heiße komprimierte Luft in der Kammer entzündet. (3) Arbeiten: Das Gemisch verbrennt selbstständig weiter. Das entstehende Gas bewegt den Kolben nach unten und treibt auf diese Weise den Pleuel an. Durch die dabei verrichtete mechanische Arbeit kühlt sich das Gas ab. Das hohe Verdichtungsverhältnis erhöht den Gesamtwirkungsgrad des Motors. Bei Ottomotoren, wo Luft und Treibstoff vor Eintritt in den Zylinder gemischt werden, besteht die Gefahr vorzeitiger Zündung, die den Motor zerstören kann. Kein Problem ist dies hingegen beim Dieselmotor, bei dem Treibstoff erst kurz vor dem oberen Totpunkt in den Zylinder gelangt. (4) Ausstoßen: In dieser Phase werden die Abfallprodukte durch den Auspuff ausgestoßen.

WICHTIGSTES MERKMAL:

DIREKTEINSPRITZUNG
MIT DRUCKLUFT

In Diesels Originalmotor wurde der fein verteilte Kraftstoff mittels Druckluft durch eine Düse in den Zylinder gespritzt. Eine von der Nockenwelle getriebene Ventilnadel öffnete die Düse vor Erreichen des oberen Totpunkts.

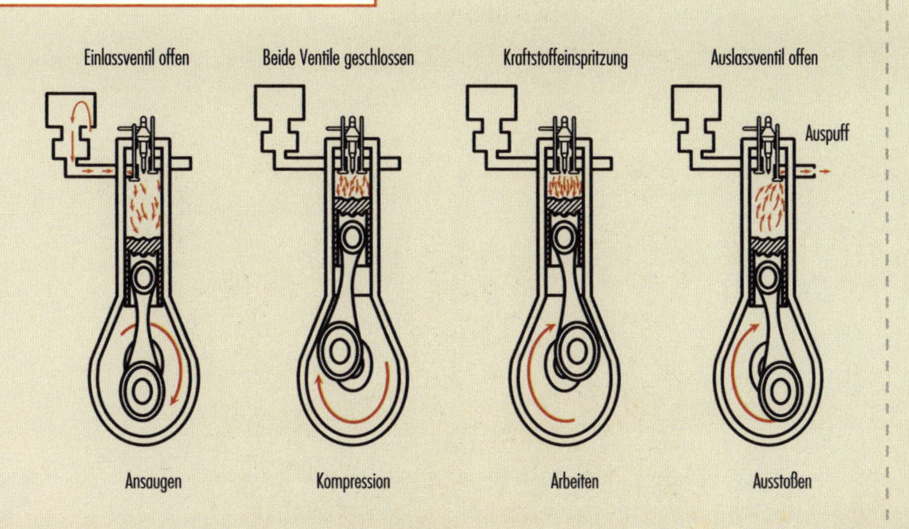

Entwickler:

Franz X. Wagner

UNDERWOOD NO. 1 SCHREIBMASCHINE

Industrie

Landwirtschaft

Medien

Verkehr

Wissenschaft

Computer

Energie

Haushalt

Hersteller:

Wagner Typewriter Co.

1897

Die Erfindung der Schreibmaschine markiert den Beginn des «Tastaturzeitalters». Die Underwood No. 1 war zwar nicht die erste «Schreibmaschine», aber sie verfügte über die meisten der Merkmale, die zum Standard werden sollten. Auch wenn Schreibmaschinen heute durch Computer und Textverarbeitungsprogramme obsolet geworden sind, veränderten sie im späten 19. Jahrhundert die Büroarbeit genauso wie der PC dies ein Jahrhundert später erneut tat.

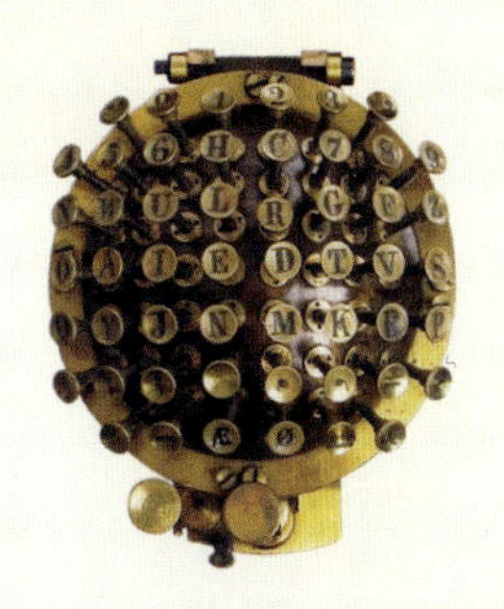

«Schreibkugel», 1870

Der Beginn des Tastaturzeitalters

Stellen Sie sich eine Zeit vor, zu der alles quälend langsam mit der Hand geschrieben werden musste – und nicht mit Kugelschreiber oder Filzstift, sondern mit einem Federkiel oder einem Stift mit Metallspitze, die in Tinte getaucht wurde. Ich kann auf meinem Laptop rund 50 Wörter pro Minute tippen, erfahrene Tastschreiber schaffen mehr als 120. Während sich das Tempo in Industrie, Kommunikation und Verkehr während der industriellen Revolution beschleunigte, waren im Handel, im Finanzsektor und in der Verwaltung immer noch handschriftliche 20–30 Wörter pro Minute das Maß aller Dinge. Die Erfindung der Schreibmaschine war Mitte des 19. Jahrhunderts längst überfällig. Am Anfang der Entwicklung stand der amerikanische «Typographer» von 1829 mit einer Drehscheibe, der noch langsamer war als Handschrift. Das italienische *Cembalo scrivano* von 1855 war eine merkwürdige Kreuzung aus Schreibmaschine und Klavier, die – obwohl seinerzeit viel bewundert – nie kaufmännisch verwertet wurde. Das erste kommerzielle Tippgerät war die «Schreibkugel», 1870 von dem dänischen Geistlichen Rasmus Malling-Hansen (1835–1890) erfunden. Eine mit Buchstaben besetzte Metallkugel wurde über ein Blatt Papier gezogen, das über einen Zylinder gespannt war. Die Schreibkugel war aber keine Konkurrenz für den «Typewriter», der 1868 von den amerikanischen Erfindern Christopher Sholes (1819–1890) und Carlos Glidden (1834–1877) konstruiert und ab 1873 von E. Remington and Sons hergestellt wurde. Auch wenn der kastenförmige «Typewriter» mit seiner QWERTY-Tastatur (dem amerikanischen Pendant zur mitteleuropäischen QWERTZ-Tastatur) einer modernen mechanischen Schreibmaschine ähnelt, fehlten ihm mehrere wichtige Eigenschaften: Er hatte keine Umschalttaste, konnte also nur Großbuchstaben schreiben, und der Schreiber konnte erst nach Betätigung des Wagenrücklaufs sehen, was er geschrieben hatte.

Sehen, was man schreibt

Es ist offensichtlich, dass es von Vorteil ist, wenn man beim Tippen sieht, was man schreibt. Bei den Ende des 19. Jahrhunderts hergestellten Schreibmaschinen war das jedoch nicht der Fall, weil der Mechanismus das Papier verdeckte oder die Typenhebel nach oben schlugen. Franz Wagner (1837–1907) war zwar nicht der erste, der eine Schreibmaschine konstruierte, bei der man sehen konnte, was man schrieb, aber das «Wagnergetriebe» von 1890, das die Tastenbewegung über einen Zwischenhebel auf den Typenhebel überträgt, erwies sich als verlässlichster Mechanismus. Der aus Deutschland stammende Wagner emigrierte 1864 in die USA und patentierte mehrere Erfindungen, darunter die erste Wasseruhr, bevor er sich der Schreibmaschine zuwandte. Wagner fand zwar eine überzeugende Lösung, hatte aber, wie es so oft in der Welt der Erfinder der Fall ist, nicht die unternehmerischen Fähigkeiten, seine Erfindungen zu Geld zu machen. 1895 bat er John T. Underwood (1857–1937), Inhaber einer Firma für Bürobedarf, die Farbbänder für Schreibmaschinen und Kohlepapier herstellte, um Unterstützung. Nachdem Remington begonnen hatte, eigene Farbbänder zu produzieren, beschloss Underwood, mit einer eigenen Schreibmaschine der Marktführerin «Remington Standard» Paroli zu bieten. Er erkannte unmittelbar die Stärken von Wagners Entwicklung, die 1897 als «Underwood No. 1» in Produktion ging. Die ersten beiden Generationen der Underwoods trugen auf der Rückseite den Namen «Wagner Typewriter Co.» zusätzlich zu dem viel größeren Schriftzug «Underwood» auf der Vorderseite. Jedoch wurde jeder Verweis auf Wagner 1901 getilgt, nachdem er gezwungen war, seine Patente komplett an Underwood zu verkaufen. 1920 hatte sich das Typenhebelsystem der «Underwood» weltweit durchgesetzt.

SCHREIBMASCHINE

- **1829** Typographer
- **1854** Chirographer
- **1955** *Cembalo scrivano*
- **1870** Schreibkugel
- **1873** Typewriter
- **1878** Remington Standard
- **1897** Underwood No. 1

Der Typographer schrieb langsamer als ein geübter Schreiber von Hand.

Die 14-Tonnen-Schreibmaschine

Nach einem wackligen Start wurde die Schreibmaschine zum unentbehrlichen Smartphone und Tablet ihrer Zeit. Als Marketinggag baute Underwood 1915 für die Panama-Pacific International Exposition in San Francisco (USA) eine 14-Tonnen-Schreibmaschine. Dieser Riese aus Metall war 5,4 m hoch und 6,4 m breit und ein voll funktionsfähiger Nachbau der Underwood No. 5, der weltweit am meisten verkauften mechanischen Schreibmaschine, die mit Fernbedienung gesteuert werden konnte. Seine Typenstangen wogen je 20,4 kg und tippten auf ein 2,7 × 3,8 m großes Blatt Papier.

Die Schreibmaschine spielte, wie das Sicherheitsfahrrad, eine bedeutende Rolle bei der Emanzipation der Frauen. Bis Mitte der 1870er-Jahre war Büroarbeit überwiegend Männersache. Frauen blieben entweder zu Hause oder arbeiteten im Einzelhandel oder in Fabriken. Mit der Schreibmaschine konnte nicht nur dem Bedarf an höherer Schreibgeschwindigkeit Rechnung getragen werden, es entstanden auch neue Büroberufe – Sekretärin, Stenografin, Schreibkraft –, in denen überwiegend Frauen tätig waren, auch, weil sie deutlich niedrigere Entlohnung zu akzeptieren bereit (resp. gezwungen) waren als Männer. 1900 waren drei Viertel der Büroangestellten in den USA Frauen.

1920 hatten Schreibmaschinenhersteller auf der ganzen Welt das Underwood-Design übernommen.

Die «Underwood No. 5» war eine der erfolgreichsten mechanischen Schreibmaschinen, die je gebaut wurde.

«Die Underwood No. 1 […] wurde als die erste moderne Schreibmaschine angesehen, weil, anders als bei früheren Modellen, der Buchstabe sichtbar war, als er getippt wurde.»

A. Dewdney und P. Ride, *The New Media Handbook*, 2006

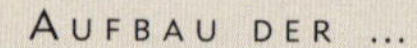

«UNDERWOOD NO. 1»

[A] QWERTY-Tastatur
[B] Typenhebel
[C] Schreibwalze
[D] Schreibwagen und Wagenrücklauf
[E] Tabulatortaste
[F] Leertaste
[G] Umschalttaste

Die Underwood hatte eine QWERTY-Tastatur und eine Umschalttaste.

WESENTLICHES MERKMAL:

«SEHEN, WAS MAN TIPPT»

Wagner löste zwei Probleme: Man konnte jetzt sehen, was man tippt. Und es war sichergestellt, dass die Hebel an die richtige Stelle zurückfielen und sich beim schnellen Tippen nicht ineinander verhakten.

Durch die Halbkreisanordnung blieb das Schreibfeld sichtbar und ein Verhaken der Typenhebel wurde verhindert.

Beim Druck auf die Tasten hob sich das Farbband und der Schreibwagen bewegte sich vorwärts.

Detail des Typenhebelmechanismus.

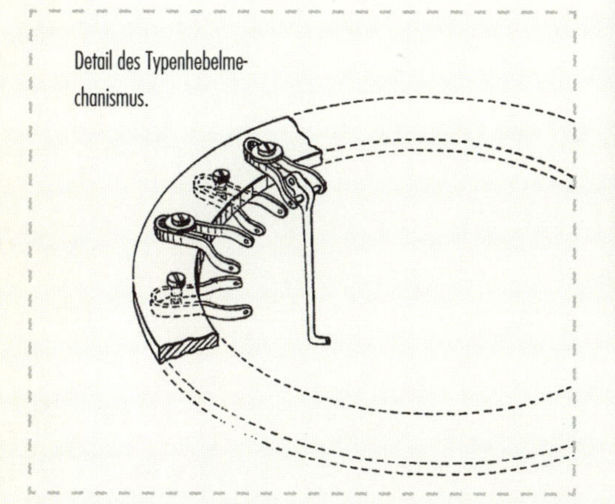

Bei der Konstruktion der Underwood No. 1 spielten die Typenhebel, die die Buchstaben tragen, eine entscheidende Rolle. Sie sollten die Schreibwalze, die das Papier an Ort und Stelle hält, von vorne treffen und nicht von unterhalb wie bei früheren Modellen. Unbenutzt waren die Hebel halbkreisförmig so angeordnet, dass sie das Schreibfeld nicht verdeckten. Auf der QWERTY-Tastatur (QWERTZ-Tastatur bei mitteleuropäischen Modellen) gab es nur einen einfachen Buchstabensatz. Um Großbuchstaben zu tippen, musste man die Umschalttaste betätigen. Der Buchstabe wurde auf das Papier gedruckt, indem die am Typenhebel befestigte Letter auf ein tintengetränktes Stoffband traf, das durch den Tastendruck an die richtige Stelle bewegt wurde. Die Betätigung der Leertaste bewegte zudem den Wagen vorwärts. War der Seitenrand erreicht, betätigte man die Wagenrücklauftaste, das Papier wurde nach oben geschoben und man konnte in der nächsten Zeile vorne weiter schreiben. Mithilfe des eingebauten Tabulators konnte man mit der Underwood in Spalten schreiben. Zu ihrer Beliebtheit trug bei, dass sie einen leichteren Anschlag hatte als andere Schreibmaschinen.

21

Entwickler:
Frank Brownell

BOXKAMERA «BROWNIE» VON KODAK

Hersteller:
Eastman Kodak Co.

Industrie
Landwirtschaft
Medien
Verkehr
Wissenschaft
Computer
Energie
Haushalt

1900

Obwohl ursprünglich als Kamera für Kinder vermarktet, erwies sich die «Brownie» von Kodak als so nützlich, dass die Erwachsenen sie bald für sich selbst kauften. Mit dem einfachen Mechanismus und der leichten Bedienbarkeit revolutionierte die «Brownie» die Fotografie, indem sie es Laien erlaubte, Familien- und Urlaubsschnappschüsse aufzunehmen.

«Und hier ist einer, den wir aufgenommen haben»

Heute ist es für uns selbstverständlich, zum Handy zu greifen, und aufzunehmen, was auch immer um uns vorgeht. Aber bis ins 20. Jahrhundert bedeutete Fotografieren riesige Plattenkameras, deren hohe Kosten sie für Normalverbraucher unerreichbar machten. George Eastman (1854–1932), der Begründer von Eastman Kodak, war entschlossen, Fotografieren zu einer Freizeitbeschäftigung für alle zu machen. Die erste Herausforderung bestand darin, von den Platten wegzukommen und damit auch von den toxischen Chemikalien, die bei deren Verwendung benötigt wurden. 1884 patentierte er den ersten Papierrollfilm und stellte im folgenden Jahr Frank Brownell (1859–1939) ein, der ihm helfen sollte, eine Kamera für den neuen Kodakfilm zu entwickeln. 1885 erfanden Eastman und Brownell einen Filmrollenhalter und bauten 1888 die erste Kodakkamera, die «Kodak No. 1». Sie bedeutete zwar einen Durchbruch in der Welt der Fotografie, aber mit einem Verkaufspreis von $ 25 war sie zu teuer für den Geldbeutel der meisten Amerikaner. Eastman bat Brownell, eine Kamera zu entwickeln, die nicht nur günstig war, sondern sich auch von Kindern bedienen lassen sollte. Das Ergebnis war die «Brownie» No. 1 von 1900, die ursprünglich für Kinder gedacht war und für $ 1 verkauft wurde. Sie war klein, leicht, einfach zu bedienen und die Filmrolle, geschützt durch eine Papierhülle, konnte bei Tageslicht geladen werden. Die Kamera war bei Kindern wie Erwachsenen so beliebt, dass Eastman 1901 die Brownie No. 2 auf den Markt brachte, die $ 2 kostete und bis 1933 produziert wurde.

FOTOGRAFIE UND KAMERAS

Camera obscura	**4. Jh. v. Chr.**
Camera obscura von Niépce	**1816**
Daguerreotypie	**1837**
Wolcott-Kamera	**1840**
Talbotypie	**1841**
Panoramakamera	**1859**
Kodak Rollfilmkamera	**1888**
Kodak «Brownie»	**1900**

«Brownie» von Kodak

[A] Griff
[B] Verschluss
[C] Sucherlinse
[D] Sucher
[E] Filmtransport
[F] Objektiv

«Jedes Schulkind kann mit einer der Brownie-Kameras von Eastman Kodak zum Preis von $ 1 gute Fotos machen. Brownies werden bei Tageslicht mit Filmpatronen für 6 Aufnahmen geladen, haben gute Meniskuslinsen und den Eastman-Umlaufverschluss für Schnappschüsse oder Zeitaufnahmen.»

Kodakwerbung, 1900

Bei den frühen «Brownies» handelte es sich um Kästen aus Pappe oder Holz (später durch Aluminium ersetzt) mit einem Objektiv auf der Vorderseite und (bei der «Brownie» No. 2) zwei Suchern – der eine oberhalb des Objektivs, der andere seitlich oberhalb des Auslösehebels. Ohne eingebauten Blitz, ohne die Möglichkeit, scharf zu stellen und Blende oder Verschlusszeit anzupassen, konnte die Kamera nur draußen bei vollem Tageslicht eingesetzt werden, um ein statisches Objekt in mittlerer Entfernung zu fotografieren. Der Kodakfilm «Nr. 120» ermöglichte Aufnahmen im Format 5,7 × 8,2 cm. Nach jedem Bild musste man den Film per Hand vorspulen, indem man den an der Spule befestigten Knopf drehte. Da eine äußere Schicht Papier den Film schützte, konnte dieser anders als die Vorläufer, bei denen dies im Dunklen geschehen musste, um vorzeitige Belichtung zu verhindern, bei Tageslicht eingelegt werden. Die Vorderseite des Kastens war klappbar, sodass er geöffnet werden konnte, um die Filmrolle einzulegen und zu entnehmen. Die «Brownie» war so einfach zu benutzen, dass Kodak sie bald mit dem Slogan «Sie drücken den Knopf, wir machen den Rest» vermarktete.

Das spätere «Hawkeye»-Modell mit einem riesigen Blitz, das im Mai 1949 vorgestellt wurde.

Die «Brownie» ersetzte Glasplatten und toxische Chemikalien durch einen leicht einlegbaren Papierrollfilm, der zur Entwicklung an Kodak geschickt werden konnte.

Die Papierfilmrolle der «Brownie» wurde per Hand auf die Spule geladen und durch Drehen eines außenliegenden Knopfs bewegt.

WESENTLICHES MERKMAL:

GERINGE KOSTEN

Die herausragende Eigenschaft der «Brownies» war Wert für Geld: Die No. 1 wurde für $ 1 verkauft, die No. 2 für $ 2. Eastman stellte auch geringe Kosten für Film und Entwicklung sicher: 1900 waren für einen Film mit 6 Aufnahmen 15 ct zu bezahlen, der Papiernegativfilm kostete 10 ct, die Entwicklung 40 ct.

Entwickler:

Aleksandar **Just**
Franjo **Hanaman**

TUNGSRAM-GLÜHLAMPE

Industrie

Landwirtschaft

Medien

Verkehr

Wissenschaft

Computer

Energie

Haushalt

Hersteller:

Tungsram

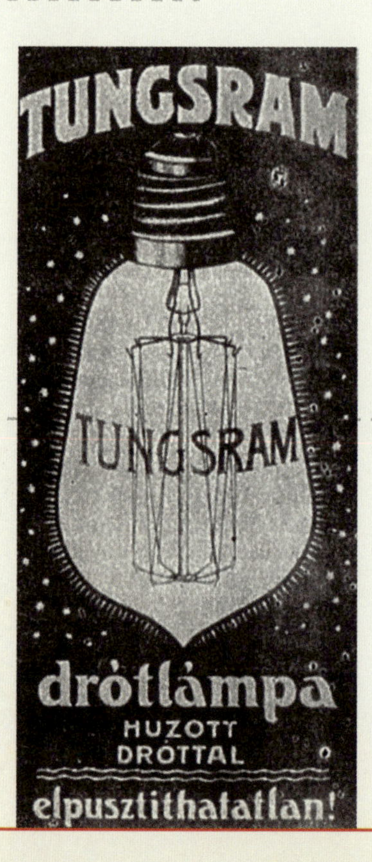

1904

Die Glühlampe machte Heim und Arbeitsplatz nicht nur viel heller, sondern auch sicherer: Strom ist weder entflammbar wie Kerosin noch explosiv wie Leuchtgas. 1880 von Edison auf den Markt gebracht, wurde die Glühlampe an der Wende zum 20. Jahrhundert parallel von ungarischen und amerikanischen Wissenschaftlern perfektioniert.

Eine 67 Jahre alte Glühbirne

Ich bin EverythingWestport.com – der Website, die sich Ereignissen in der Stadt Westport (USA) widmet – zu Dank verpflichtet für eine Nachricht, die die Herzen derjenigen erfreuen wird, die versuchen, die Abschaffung von Glühlampen und deren Ersatz durch Energiesparleuchten zu verhindern. 2008 schenkte Elizabeth Acheson von der Acheson-Farm in Westport dem örtlichen Geschichtsverein eine Glühlampe, die 1922 an der Veranda des Hauses angebracht worden war, als die Stadt elektrifiziert wurde, und bis 1989 in Gebrauch war. Es handelte sich um eine «Mazda» von General Electric mit einem gewendelten Wolframfaden.

Die Glühlampe ist eine weitere Erfindung, die fälschlicherweise Thomas Edison (1847–1931) zugeschrieben wird. Edison erfand sie nicht, aber er brachte sein Modell 1880 erfolgreich auf den Markt. Der britische Wissenschaftler Humphry Davy (1778–1829) zeigte das Prinzip der Glühlampe erstmals 1802, aber es dauerte fast 80 Jahre, bevor Technik und Materialwissenschaft sich weit genug entwickelt hatten, um die Erfindung wirtschaftlich nutzbar zu machen. Edisons Glühlampe arbeitete mit einem Kohlefaden und leuchtete durchschnittlich 40 Stunden – 66 Jahre und 363 Tage kürzer als die «Mazda» von Frau Acheson. Das Hauptproblem bei den frühen Glühlampen war die Haltbarkeit des Glühfadens. Erfinder experimentierten mit verschiedenen Metallen. Schließlich erwies sich Wolfram als das am besten geeignetste.

«Die moderne Form der Glühlampe war ein Produkt des 20. Jahrhunderts. Die Schlüsselentwicklung war die Einführung der Wolframglühfäden.»

D. Cole et al, *Encyclopedia of Modern Everyday Inventions* (2003)

Die Wolframglühlampe verdanken wir dem Ungarn Aleksandar Just (1872–1937) und dem Kroaten Franjo Hanaman (1878–1941). Die «Tungsram»-Glühlampe gelangte in Europa 1904 in Verkauf. (Der Firmenname Tungsram setzt sich aus den beiden englischen Wörtern für Wolfram, *tungsten* und *wolfram*, zusammen). Der Wolframfaden brannte länger und heller als seine Vorläufer, aber der Amerikaner William Coolidge (1873–1975), Leiter der Forschung bei General Electric, konnte ihn 1909 verbessern, nachdem er eine Möglichkeit gefunden hatte, den Wolframdraht zu wendeln. Die «Mazda» kam im selben Jahr auf den Markt.

GLÜHLAMPE

- **1802** Platinglühfaden
- **1809** Kohlebogenlampe
- **1874** Kohlefaserglühfaden
- **1878** gasgefüllte Glühlampe
- **1880** Edison-Glühlampe
- **1904** Tungsram-Glühlampe

[Rechts] Eine moderne Wolframglühlampe.
[Links] Frühe Glühlampen mit Kohlefaserglühfäden wurden leicht schwarz und waren nicht besonders hell.

AUFBAU DER ...

TUNGSRAM-GLÜHLAMPE

[A] Glasbirne
[B] inertes Gas/Vakuum
[C] Wolframglühfaden
[D] Kontaktdrähte
[E] Fassung
[F] elektrischer Kontakt

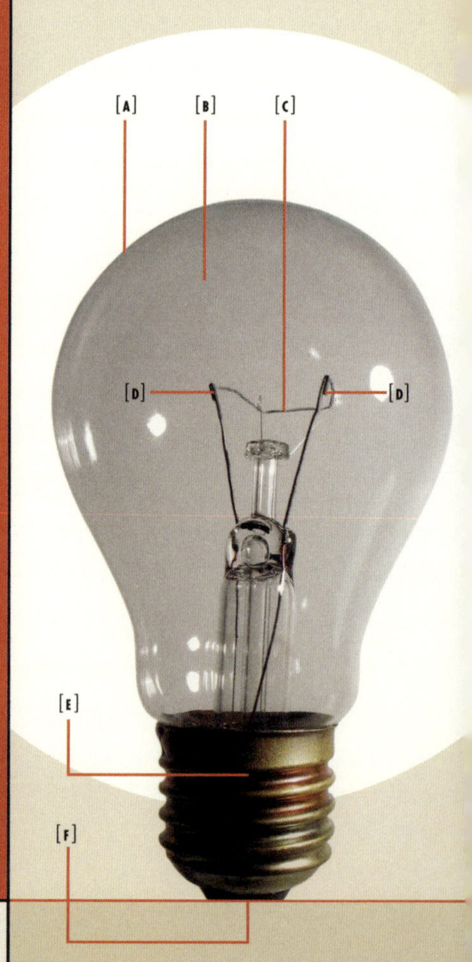

Wolfram bot längere Haltbarkeit und größere Helligkeit als jedes andere Material.

Die Wolframglühlampe steht am Ende einer 100 Jahre dauernden Entwicklung. Der perfekt geblasene kugel- oder birnenförmige Glaskolben wurde ursprünglich evakuiert, um ein zu schnelles Abbrennen des Glühfadens zu verhindern. Es blieben jedoch zwei wesentliche Probleme der Glühlampe erhalten: die Schwärzung der Innenseite des Glases infolge der Ablagerung von Ruß des Glühfadens und geringe Helligkeit. Just und Hanaman füllten ihre Glühlampen mit inertem Gas, um die Leuchtkraft zu erhöhen und die Schwärzung zu reduzieren. Irving Langmuir (1881–1957), ein für General Electric arbeitender Wissenschaftler, war 1913 der erste, der erfolgreich eine mit einem inerten Gas, Argon, gefüllte Glühlampe produzierte. Mit wenigen anderen kleineren Verbesserungen hielten sich Wolframglühlampen bis ins 21. Jahrhundert. Obwohl eine enorme Verbesserung gegenüber früheren Beleuchtungsmethoden – Kerzen, Öl- und Kerosinlampen, Gaslampen –, produzieren herkömmliche Glühlampen mehr Wärme als Licht und haben eine sehr niedrige Lichtausbeute von zwischen 1,9% für eine 40-Watt-Wolframglühlampe und 2,6% für eine 100-Watt-Wolframglühlampe – der Grund für das bevorstehende Aus der Glühlampe in den meisten Teilen der entwickelten Welt.

Die in Ungarn entwickelte Tungsram-Glühlampe war die weltweit erste Wolframglühlampe.

WESENTLICHES MERKMAL:
DER WOLFRAMGLÜHFADEN

Die Geschichte der Glühlampe ist die der Suche nach einem haltbaren, hellen Glühfaden. Just und Hanaman fanden mit dem Wolframglühfaden die Lösung, die von Coolidge verbessert wurde, der den gewendelten Wolframfaden erfand, was sowohl Leuchtstärke als auch Lebensdauer erhöhte.

Ein Ende des Wolframfadens ist am Kontaktdraht befestigt.

Entwickler:

Almon Strowger

«CANDLESTICK»-TELEFON

Industrie

Landwirtschaft

Medien

Verkehr

Wissenschaft

Computer

Energie

Haushalt

Hersteller:

Automatic Electric Company

1905

Die gesellschaftliche und wirtschaftliche Bedeutung des Telefons seit den Anfängen der kommerziellen Nutzung im letzten Viertel des 19. Jahrhunderts ist schwerlich zu überschätzen. Das volle Potenzial der Festnetztelefonie wurde allerdings erst mit Strowgers Erfindung der automatischen Telefonvermittlung erreicht. Die damals üblichen Drehscheibentelefone blieben bis zur Einführung der Tonwahltelefone im späten 20. Jahrhundert Standard.

Almon Strowger

Eine hart umkämpfte Erfindung

Kennzeichnend für das späte 19. Jahrhundert war die Häufigkeit erbitterter Patentstreitigkeiten, insbesondere im Bereich der Medien und der Kommunikation. Diese Auseinandersetzungen, die sich manchmal über Jahrzehnte hinzogen, zeigen, wie schwierig es war, über die Originalität von Erfindungen zu entscheiden, die aus vorhandenen Komponenten gefertigt wurden und auf bekannten theoretischen Grundlagen basierten, was oft zur gleichzeitigen Entwicklung ähnlicher Geräte führte. Sie warfen auch ein Licht auf die stattlichen Gewinne, die erzielen konnte, wer als erster eine Neuerung auf den Markt brachte. Die Festnetztelefonie ist vermutlich das umstrittenste Patent dieser Zeit, und Auseinandersetzungen darüber, wer das Telefon erfand, verbittern auch heute noch die Anhänger der Konkurrenten.

1839 ging in Großbritannien der erste kommerzielle drahtgebundene Fernschreiber, der Morse-Codes übertrug, in Betrieb. Unmittelbar darauf beschäftigen sich Erfinder mit der Frage, wie man menschliche Sprache über die Drahtverbindungen übertragen konnte. Zu denjenigen, die für sich beanspruchen können, an der Entwicklung der Festnetztelefonie beteiligt gewesen zu sein, gehören die folgenden: der Franko-Belgier Charles Bourseul (1829–1912), der 1854 eine bewegliche Platte vorschlug, die einen Stromkreis abwechselnd öffnet und schließt, der Deutsche Johann Reis (1834–1874) mit seinem «Telephon» von 1860 und der Italienier Antonio Meucci (1808–1889), der 1871 in Amerika seine Erfindung der elektromagnetischen Stimmübertragung von 1854 zum Patent anmeldete.

«Den wahren Wert eines perfekten Telefonservice erkennen Sie erst, wenn sie den AUTOMATISCHEN, UNLIMITIERTEN UND VERSCHWIEGENEN SERVICE einsetzen.»

AUS EINER WERBUNG VON 1910 FÜR EINE TELEFONGESELLSCHAFT, DIE AUTOMATIC-ELECTRIC-TELEFONE NUTZTE.

In einer Handvermittlungsstelle waren Hunderte Menschen beschäftigt.

Die beiden wesentlichen Telefonpatentwettbewerber in den USA sind natürlich Alexander Graham Bell 1847–1922) und Elisha Gray (1835–1901). Beide Patentanmeldungen wurden am selben Tag mit wenigen Stunden Abstand eingereicht, es folgten Anschuldigungen wegen Diebstahls und Patentbetrugs. Verschwörungstheorien suchten zu erklären, warum Bell sich letztlich gegenüber Gray durchsetzte. Auch in diesem Fall war derjenige erfolgreich, der als Erstes ein funktionsfähiges Gerät auf den Markt brachte.

«Kein ‹Fräulein vom Amt›, keine Störungen und keine Wartezeiten.»

Zunächst verbanden Telefonleitungen zwei Teilnehmer direkt ohne eine Vermittlungsstelle. Bei einem «Anruf» ließ der eine Teilnehmer das Telefon klingeln, bis der andere Teilnehmer antwortete. Wäre es dabei geblieben, wären unsere Städte mit einem dichten Netz an Telefondrähten überzogen. Jedoch ging 1878 die erste Telefonvermittlung – nach dem Vorbild der Telegrafenvermittlung dieser Zeit – in Betrieb. Mancher Leser hat vielleicht eine frühe Telefonvermittlungsstelle in alten oder historischen Filmen gesehen. Sie arbeiteten sehr einfach: Der Anrufer wandte sich zuerst an den Telefonisten, dieser antwortete: «Die Nummer, bitte».

TELEFONIE

- **1854** Idee von Charles Bourseul
- **1860** Reis-Telephon
- **1876** Patente von Bell und Gray
- **1877** Kohlemikrofon
- **1877** erste Langstrecken-Verbindung
- **1878** Handvermittlung
- **1891** Strowgers Hebdrehwähler
- **1905** «Candlestick»-Telefon

Die Telefonistin stellte die Verbindung mithilfe von Schnurpaaren her, die sie in das Schaltpanel des Klappenschranks steckte. Das System funktionierte gut, solange es nur wenige Teilnehmer gab, aber als die Zahl der Telefonleitungen zunahm, und besonders nach der Inbetriebnahme der ersten Fernleitungen, war eine schnellere und effizientere Methode zur Verbindung von Telefonnutzern erforderlich. Im Endeffekt bedeutete dies die Automatisierung.

In den späten 1880er-Jahren soll Almon Strowger (1839–1902), ein Bestattungsunternehmer in Kansas City (USA), zur Überzeugung gelangt sein, dass eine konkurrierende Firma ihm wichtige Geschäfte wegnahm, weil die Ehefrau des Inhabers, die als Telefonistin arbeitete, für ihn bestimmte Anrufe an ihren Ehemann weiterleitete. Das spornte ihn dazu an, ein automatisches Wählsystem zu entwickeln, das den menschlichen Vermittler überflüssig machte. Er erfand den Hebdrehwähler, die Grundlage für die ersten automatischen Telefonvermittlungsstellen, und führte das Wählscheibentelefon ein. Als er 1892 seine erste Vermittlungsstelle in LaPorte im US-Bundesstaat Indiana eröffnete, die 75 Teilnehmer versorgte, soll er sie mit den folgenden Worten angepriesen haben: «Kein «Fräulein vom Amt», keine Störungen und keine Wartezeit!»

Strowgers Erfindung eignete sich für kleinere Vermittlungsstellen, während diejenigen in größeren Städten weiter mit Telefonisten arbeiteten.

Automatische Vermittlung sicherte die Privatsphäre der Anrufer und beschleunigte außerdem das Telefonieren.

Die Unmittelbarkeit und Intimität eines Telefongesprächs veränderte persönliche Beziehungen.

Private Telefonate

Der Schreibtelegraf war das erste Massentelekommunikationssystem, aber es hatte beträchtliche Nachteile: Es handelte sich um reine Textnachrichten, wegen der hohen Kosten wurden sie kurz gehalten und sie waren nicht privat, da ein Telegrafist den Morse-Code empfing und für die Auslieferung in Text übersetzte. Bis zur Erfindung von Strowger litt auch das Telefon unter mangelnder Privatheit, da immer das Risiko bestand, dass ein Telefonist die Unterhaltung belauschte.

Die Befürchtung, seine Firma werde sabotiert, hatte Strowger auf die Idee einer automatischen Vermittlung gebracht. Die Möglichkeit, mit Kunden vertraulich und deutlich ausführlicher als mit dem Telegrafen kommunizieren zu können, war zweifellos ein wichtiges Argument für kommerzielle Nutzer. Dass die Verbindung schneller hergestellt werden konnte, war ein weiterer Vorteil. Langsam kurbelte das Telefon die Entwicklung neuer Geschäftsfelder und Unternehmen an.

Den größten Einfluss hatte das Telefon vermutlich auf die sozialen Beziehungen. Wegen der Kosten verbot es sich, den Schreibtelegrafen abgesehen von Notfällen zu nutzen, und die einzige andere Möglichkeit für Familien und Freunde, in Kontakt zu bleiben, war der Brief. Das Telefon sorgte für eine Unmittelbarkeit und Intimität der Kommunikation.

«CANDLESTICK»-TELEFONS

Die Originaltelefone von Strowger hatten keine Wählscheibe, sondern jeweils eine Taste für die Hunderter-, Zehner- und Einerstelle der gewünschten Rufnummer, die der Anrufer entsprechend oft betätigen musste: Wollte er beispielsweise die Nummer 175 wählen, drückte er 1-mal die Hundertertaste, 7-mal die Zehnertaste und 5-mal die Einertaste. 1896 brachte Automatic Electric das erste Wählscheibentelefon auf den Markt. Das hier vorgestellte «Candlestick»-Telefon stammt von etwa 1905. Es hatte eine «Fingerloch»-Drehscheibe mit 10 Löchern für die Zahlen 0 bis 9 und ein elftes Loch für den Telefonisten, um Ferngespräche zu führen. Bei späteren Modellen hatte die Wählscheibe nur noch die üblichen 10 Löcher. Das Mundstück des einem Kerzenhalter nachempfundenen Telefons befand sich oben, die Gabel und das abnehmbare Ohrstück standen daneben. Die an der Wand befestigte separate Klingel war über Drähte mit der Basis des Telefons verbunden.

[B]

[C]

[A]

[A] Wählscheibe mit 11 Löchern
[B] Mundstück (Sender)
[C] Ohrstück (Empfänger)

WESENTLICHES MERKMAL:
DER HEBDREHWÄHLER

Das Herzstück des Systems von Strowger war das Gerät zur automatischen Vermittlung, das die Telefonisten ersetzte. Für jeden Teilnehmer war in der Vermittlungsstelle ein Hebdrehwähler installiert. Dieser hatte eine 10 × 10-Kontaktmatrix, mit der die Telefonleitungen verbunden waren. Wählte der Anrufer eine Nummer, «wanderte» ein Arm mit einem elektrischen Kontakt die Reihen hinauf bis zu der Reihe, die der ersten gewählten Ziffer entsprach. Dieser Vorgang wurde für die folgenden Ziffern wiederholt, bis die Verbindung hergestellt war. Am Ende des Gesprächs kehrten die Schaltarme in die Ausgangsstellung zurück.

Weiterentwicklung des Hebdrehwählers von Strowger.

24

Entwickler:
Childe Harold **Wills**

FORD MODELL T

Hersteller:
Ford Motor Co.

Industrie
Landwirtschaft
Medien
Verkehr
Wissenschaft
Computer
Energie
Haushalt

1908

Henry Ford war nicht der erste, der in den USA Autos herstellte oder Massenfertigung betrieb, aber er baute das weltweit erste Auto für den Massenmarkt. Sein Erfolg macht nicht nur die Ford Motor Company zu einem der Branchenführer, sondern beeinflusste auch die Gesellschaft. Autos trugen zur ökonomischen Entwicklung bei und erleichterten die Fortbewegung, führten aber auch zu Luftverschmutzung und drohendem Verkehrskollaps.

Der Aufschwung der pferdelosen Wagen

In den letzten Jahrzehnten des 19. Jahrhunderts war das größte Umweltproblem für Stadtplaner in Nordamerika nicht ungenügende Abwasser- und Abfallentsorgung, Überbevölkerung in Slums oder Umweltverschmutzung, sondern das Pferd. 1880 gab es in Metropolen wie New York, Paris und London so viele Pferdefuhrwerke, dass die Stadtväter damit rechnen mussten, dass die Straßen bis 1930 unter einer 3-Meter-Schicht Pferdemist verschwinden. Als hätte er ihre Gebete erhört, stellte Carl Benz (1844–1929) 1886 den Benz-Motorwagen Nummer 1 vor, der mit einem benzinbetriebenen Verbrennungsmotor ausgestattet war. Mit seiner hohen Sitzposition und den übergroßen Hinterrädern sah er aus wie ein Einspänner, dem unterwegs das Pferd abhandengekommen war. Ungeachtet seines seltsamen Äußeren war der Motorwagen das erste praxistaugliche Automobil der Welt.

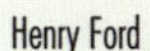
Henry Ford

«Ich werde ein Auto für die große Masse bauen. Es wird groß genug sein für die Familie, aber klein genug, dass es von einem Einzelnen genutzt werden kann. Es [ ] wird so preiswert sein, dass jeder, der gut verdient, es sich leisten kann.»

Henry Ford, *Mein Leben und Werk* (1922)

1863–1947

Die ersten Jahrhunderte der Autoindustrie ähnelten dem Dotcom-Boom der späten 1990er-Jahre. Hunderte junger idealistischer Erfinder und Ingenieure erkannte das enorme Potenzial des Autos, aber ihre Träume entwickelten sich schneller als die Materialwissenschaft und Technik ihrer Tage, die Straßen und die Treibstoffverfügbarkeit (Benzin wurde ursprünglich als Reinigungsmittel in Apotheken verkauft). Sie überschätzten auch die Größe des Markts. Die ersten Autos wurden in winzigen Stückzahlen von Hand hergestellt und an reiche Enthusiasten verkauft. Benz, der führende Autohersteller seiner Zeit, setzte zwischen 1886 und 1893 lediglich 25 Motorwagen ab. Hunderte von Ingenieuren und Erfindern ließen sich davon nicht abschrecken und experimentierten auch mit Dampf-, Elektro- und sogar frühen Hybridmotoren und verschiedensten Treibstoffen. Wie bei anderen Investitionsblasen gingen nach anfänglicher Euphorie viele Firmen Pleite, Träume junger Unternehmer zerbrachen, Investoren erlitten Verluste.

Investition in Fords Traum

1903 ging der Anwalt Horace Rackam (1858–1933) zu seiner Bank, um sich hinsichtlich einer möglichen Investition beraten zu lassen, dem Erwerb von 50 Stammaktien zu je 100 Dollar einer neuen Automobilfirma, die von seinem Freund und Klienten Henry Ford (1863–1947) gegründet worden war. Der namentlich nicht bekannte Bankdirektor antwortete herablassend: «Das Pferd wird bleiben, aber das Automobil ist nur eine Neuheit, eine Modeerscheinung». Rackham ignorierte, zu seinem finanziellen Vorteil und beträchtlichen Gewinn, den Rat und brachte 5 000 Dollar auf, indem er einen Kredit aufnahm und Immobilienbestände verkaufte.

Henry Ford wuchs in Greenfield in der Nähe von Detroit im US-Bundesstaat Michigan auf. Seine Eltern hofften, er werde die Farm der Familie übernehmen, aber er hatte andere Interessen und Ambitionen. Im Alter von 16 ging Ford nach Detroit, um eine Lehre als Maschinist anzutreten. Nachdem er eine Zeitlang auf der elterlichen Farm gearbeitet hatte, bekam er eine Stelle bei Thomas Edison (1847–1931) als Ingenieur in dessen Illuminating Company.

Der «Quadricycle» von 1896 war Henry Fords erster Versuch.

Ein Modell-T-Coupe mit «Artillerie»-Reifen.

Ford wurde 1893 zum leitenden Ingenieur befördert, experimentierte aber in seiner Freizeit mit den neuen Verbrennungsmotoren, die aus Europa kamen. 1896 baute er sein erstes Fahrzeug, den «Quadricycle» – eher ein motorisiertes Fahrrad als ein wirkliches Auto.

1899 verließ Ford Edison und gründete die Detroit Automobile Company, fest entschlossen, sich auf dem expandierenden Automarkt durchzusetzen. Er stellte Childe Harold Wills (1878–1940) ein, der eine wichtige Rolle bei der Entwicklung späterer Ford-Modelle spielen sollte. Die Detroit Automobile Company wankte und wurde 1901 von der Henry Ford Company, 1903 von der Ford Motor Company abgelöst. Zu dieser Zeit erkannte Ford, dass er statt schneller und sportlicher Fahrzeuge für die wenigen besser «ein Auto für die große Masse» bauen sollte.

US-AMERIKANISCHE AUTOS

Duryea Motor Wagon	1893
Ford Quadricycle	1896
Packard Model A	1899
Oldsmobile Curved Dash	1901
Cadillac Runabout	1902
Cadillac Modell A	1903
Ford Modell A	1903
Ford Modell T	1908

Front des Modell T mit hochgeklappter Haube, sodass der Motor zu sehen ist; mit der Handkurbel wurde der Motor gestartet.

Der Ford der Arbeiter

Nach einigen wirtschaftlichen Fehlschlägen riskierte Ford alles – seinen Ruf, sein ganzes Geld und jenes der Investoren – für das erste Automobil, das Modell A. Fords Rechnung ging auf und er verkaufte mehr als 1 700 Exemplare des Modell A, was die Zukunft der Firma sicherte. Das folgende Wachstum war rasant: 1904 gründete er Ford Kanada. 1906 wurde Ford mit fast 9 000 verkauften Autos die sich am besten verkaufende Automarke der USA. 1909 gründete er Ford of Britain und eröffnete 1911 die erste überseeische Fabrik in Manchester in England. 1913 ließ sich Ford mit Ford Motor Argentina in Südamerika nieder.

Zwischen 1903 und 1908 entwickelten Ford und Wills neun Modelle, jedes mit einem Buchstaben bezeichnet, aber nicht alle gelangten über den Status des Prototyps hinaus. 1908 stellte Ford Modell T vor, das bis 1927 produziert wurde und von dem 15 Mio. Exemplare weltweit verkauft wurden. Zwar war Ford nicht der erste, der das Fließband in der Autoproduktion nutzte, aber er setzte in viel stärkerem Maße darauf, insbesondere in seiner Fabrik in Highland Park im US-Bundesstaat Michigan. 1914 war die Produktionszeit für das Modell T von 12,5 Stunden auf gerade einmal 93 Minuten gesunken.

MODELL T

Modell T sieht bereits wie ein einfaches Auto aus, mit Frontmotor, Fahrgestell, Pedalen, Lenkrad und vier Rädern, aber das Aussehen kann in die Irre führen. Da Modell T keinen Anlasser und eine Magnetzündung hatte, startete der Fahrer den Motor, indem er ihn mit einer Kurbel vor dem Kühler von Hand anwarf. Da der Motor «zurückschlagen» konnte, musste der Fahrer den «Affengriff» anwenden, um einen gebrochenen Daumen zu vermeiden. Die Starterklappe wurde von einem Draht am Grund des Kühlers bedient. Der 4-Zylinder-Reihenmotor erreichte eine Maximalgeschwindigkeit von 64–72 km/h bei einem Treibstoffverbrauch von 11–18 l/ 100 km. Aber der größte Unterschied zu einem modernen Auto war das Fahren. Der Fahrer benutzte drei Pedale (Kupplung, Rückwärtsgang und Motorbremse) und zwei Hebel (Handbremse und Gas). Um einen kleinen Gang einzulegen, stellte der Fahrer die Handbremse in die Mittelposition oder ganz nach vorne und trat das linke Pedal herunter. Um einen großen Gang einzulegen, drückte der Fahrer den Hebel nach vorn und ließ das linke Pedal los.

[A] Kühler
[B] Motorraum
[C] Anlasserkurbel
[D] Vorderachse
[E] Spurstangen
[F] Lenksäule
[G] Lenkrad
[H] Armaturenbrett und Windschutzscheibe

WESENTLICHES MERKMAL:

PLANETENGETRIEBE

Obwohl als 3-Gang-Auto angekündigt, hatte Modell T nur zwei Vorwärtsgänge – niedrig und hoch – und den Rückwärtsgang. Der Hauptbremsmechanismus war eine Trommelbremse am Getriebe. Wie andere Bestandteile des Autos bestand das Planetengetriebe aus gehärtetem Vanadiumstahl.

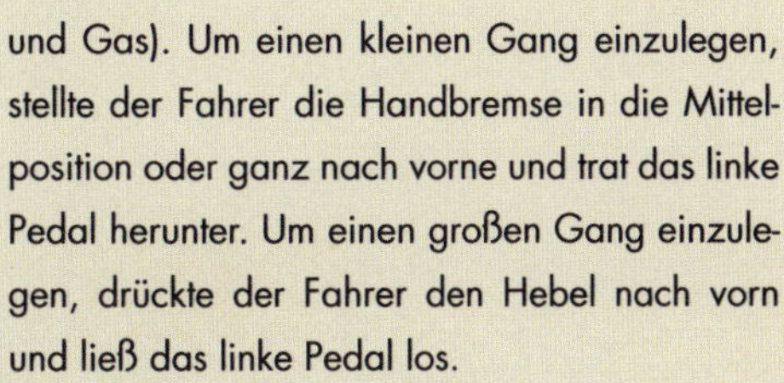

Das Starten früherer Motoren mit einer Kurbel verursachte häufig einen «Rückschlag».

25

Entwickler:
James Murray Spangler

«SUCTION SWEEPER» VON HOOVER

Hersteller:
Hoover Company

1908

Der «Suction Sweeper» von Hoover, der erste elektrische Handstaubsauger, war eines der vielen arbeitssparenden Geräte, die in den ersten Jahrzehnten des 20. Jahrhunderts das Leben der Frauen zu verändern begannen. Da er sich zunächst schleppend verkaufte, durften die Kunden das Gerät zu Hause ausprobieren.

Von Kopfkissenbezügen zu Reichtum

Die Geschichte der Firma Hoover kann als Beispiel für den «amerikanischen Traum» angesehen werden, auch wenn es mehr die Geschichte des «Wegs von einer Kleinstadtfirma zu einer multinationalen Gesellschaft» ist, als die «vom Tellerwäscher zum Millionär». Unglücklicherweise war derjenige, der den Traum realisierte, nicht der Erfinder des ersten Handstaubsaugers der Welt, James Murray Spangler (1848–1915), sondern sein finanzieller Unterstützer, Geschäftspartner und angeheirateter Cousin William H. Hoover (1849–1932). In Großbritannien ist der Name Hoover so eng mit dem Staubsauger verbunden, dass man den Teppich «hoovert».

Laut Hoover-Website war Spangler als Hausmeister in Canton im US-Bundesstaat Ohio tätig. Das ist wahr, Spangler war aber auch ein Erfinder und hielt verschiedene Patente für Agrarmaschinen. Unglücklicherweise war er kein guter Kaufmann und er gelangte durch seine Erfindungen nie zu Reichtum. Daher arbeitete er in seinen späten Fünfzigern als Hausmeister im Zollinger Department Store. Da die Reinigung des Bodens in dem Kaufhaus sein Asthma verschlimmerte, beschloss er, einen elektrischen Kehrer zu bauen, der den erstickenden Staub in einen Beutel saugt. Er baute an eine Handkehrmaschine einen Nähmaschinenmotor an, der mittels eines Ledergurts die Kehrbürste drehte und einen Ventilator antrieb, der den Staub in einen Kissenbezug blies. 1907 verbesserte er die Konstruktion, bewarb sich um ein Patent (das ihm 1908 zugesprochen wurde) und gründete die Electric Suction Sweeper Company.

«Für weniger als einen Cent können Sie jeden Raum gründlich reinigen. Einfach das Kabel in eine Steckdose stecken, den Strom einschalten und über den Teppich gehen. Eine sich schnell drehende Bürste lockert den Staub, der in den Beutel gesaugt wird.»

EINE ANZEIGE FÜR EINEN KOSTENLOSEN TEST ZUHAUSE IN «GOOD HOUSEKEEPING», 1908

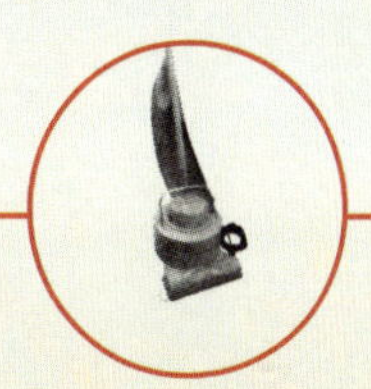

Vom kostenlosen Test im Haushalt zur Weltherrschaft

Unglücklicherweise scheiterte Spangler wieder. Er hatte nicht die Mittel, um den Sauger in großen Stückzahlen zu produzieren. Er zeigte sein Gerät seiner Cousine Susan Hoover, die so beeindruckt war, dass sie ihrem Ehemann davon erzählte. Hoover besaß ein Pferdegeschirrgeschäft in North Canton. Da die wachsende Popularität des Autos sein Geschäft bedrohte, wollte er sein Geschäftsfeld diversifizieren. Er kaufte Spanglers Patente und investierte in sein Unternehmen, das später nach seinem neuen Eigentümer genannt wurde. Spangler arbeitete weiter für Hoover und an der Verbesserung seiner Erfindung, aber er starb 1915 plötzlich, am Vortag seines ersten Urlaubs.

Auch wenn der «Suction Sweeper» seine Konkurrenten übertraf, weil er – wie der Werbeslogan stolz verkündete – «klopft, kehrt und reinigt», verlief der Verkauf zunächst schleppend. Hoover kam auf die Idee, einen kostenlosen 10-Tage-Test anzubieten. Die Marketingstrategie war erfolgreich: innerhalb von 10 Jahren hatte Hoover sich als global führende Marke etabliert. Hoover hatte das Glück, dass er sein arbeitssparendes Haushaltsgerät genau zu der Zeit vermarktete, als sich die Rolle der Frauen in der Gesellschaft änderte. Arbeitskräftemangel während des Ersten Weltkriegs zwang viele Frauen dazu, arbeiten zu gehen, und soziale Trends wie die weibliche Emanzipation und aufkommende Beschäftigungsalternativen zum Dienst im Haushalt machten Staubsauger für die hart geforderten Hausfrauen der 1920er-Jahre äußerst attraktiv.

STAUBSAUGER

- **1868** Whirlwind
- **1876** Bissel-Teppichkehrer
- **1899** Pneumatischer Teppichauffrischer
- **1901** Puffing Billy
- **1908** «Suction Sweeper»

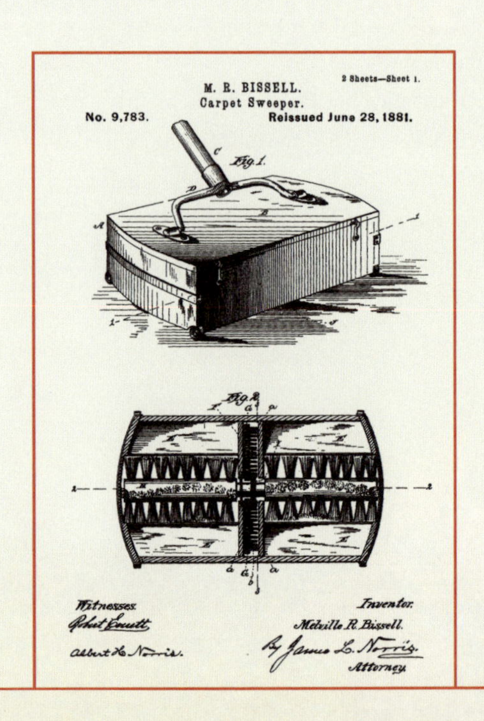

Vor dem Staubsauger nutzten die meisten Hausfrauen Handkehrmaschinen wie diese von Bissel von 1881.

«SUCTION SWEEPER» VON HOOVER

Auch wenn als «diese kleine Maschine» beworben, war das Model 0 von Hoover ein 18 kg schweres Monstrum, dessen Benutzung eine körperliche Herausforderung gewesen sein muss. Angesichts der Alternativen jedoch – Teppiche mit der Hand zu kehren oder sie draußen aufzuhängen, um sie zu klopfen – muss der Staubsauger wie ein Wunderwerk gewirkt haben. Und verglichen mit Vorläufern, die auf von Pferden gezogenen Wagen montiert waren, waren sie erstaunlich kompakt. Spanglers ursprüngliches Design für den Handstaubsauger blieb, obwohl er kleiner, leichter und saugstärker wurde, bis zur Entwicklung der beutelfreien Vakuumtechnologie im 20. Jahrhundert im Wesentlichen unverändert. Eine Bürste vorne an der Maschine drehte sich (und schlug später), löste den Schmutz aus dem Teppich. Ein Ventilator, der mit einem Elektromotor angetrieben wurde, saugte ihn in den Beutel.

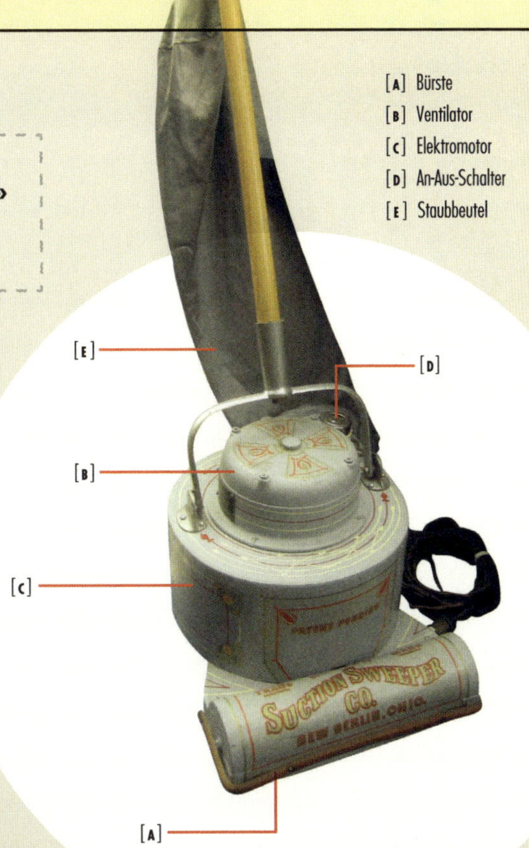

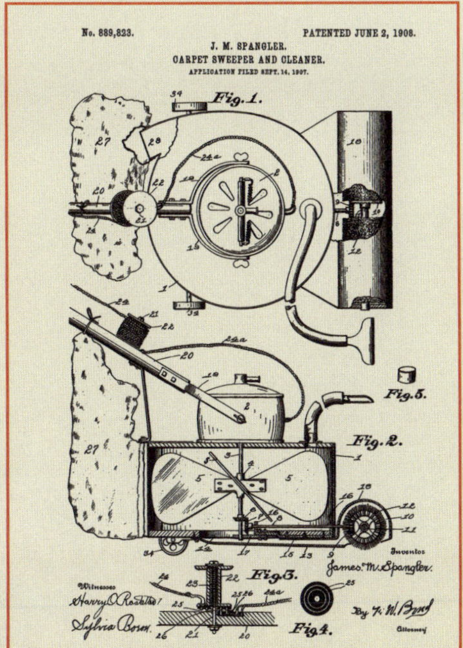

Abbildungen aus James Spanglers Patentanmeldung vom September 1907.

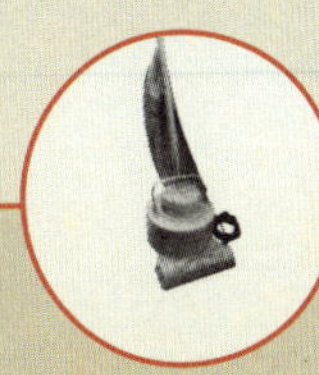

Entwickler:
Benjamin L. Holt

MÄHDRESCHER VON HOLT CATERPILLAR

Industrie
Landwirtschaft
Medien
Verkehr
Wissenschaft
Computer
Energie
Haushalt

Hersteller:
Holt Caterpillar Company

1911

Zur selben Zeit, als Henry Ford die Automobilindustrie in den USA revolutionierte, führte eine Erfindung von Benjamin Holt zu einer nicht weniger weitreichenden Transformation der amerikanischen Landwirtschaft: der erste selbst-fahrende Mähdrescher mit Verbrennungsmotor. Die schnelle Mechanisierung der Landwirtschaft führte zur Landflucht.

Benjamin Holt

Die Arbeit in der Landwirtschaft verändert sich

Nahrungsmittelproduktion, insbesondere der Anbau verschiedener Getreide in Europa und Nordamerika, war über Jahrtausende hinweg die Hauptbeschäftigung des überwiegenden Teils der arbeitenden Bevölkerung. Man schätzt, dass 1800 etwa 90 % der Bevölkerung der USA auf dem Land arbeitete. Bis ins frühe 19. Jahrhundert hing die Getreideproduktion von der Arbeit von Mensch und Tier ab: Bauern pflügten das Land mithilfe von Ochsen, Maultieren und Pferden, mähten das Getreide mit der Hand mit Sensen und droschen es mit Methoden, die sich über die Jahrtausende kaum verändert hatten. Die erste industrielle Revolution beeinflusste die Gesellschaft auf allen Gebieten, die Landwirtschaft bildete keine Ausnahmen. Die Mechanisierung begann mit einer Mähmaschine, die 1799 in England patentiert worden war. Der erste größere Durchbruch in der Erntetechnik kam jedoch erst 1835, als Hiram Moore (1801–1875) den ersten von Pferden gezogenen Mähdrescher entwickelte.

Zwei Länder waren führend in der Entwicklung landwirtschaftlicher Maschinen im späten 19. Jahrhundert: Großbritannien, die technische Supermacht der Zeit, und die USA mit einem riesigen und wachsenden Agrarsektor. In den 1880er- und 1890er-Jahren entwickelten Firmen auf beiden Seiten des Atlantiks neue Agrarmaschinen, darunter die Gebrüder Holt, deren Firma in der Nähe von San Francisco (USA) Wagenräder aus Holz herstellte. Der jüngste Bruder, Benjamin Holt (1849–1920), galt als der fähigste und technisch begabteste. 1886 entwickelte er einen Mähdrescher, dessen Maschine mittels beweglicher Ketten, die an den Rädern befestigt waren, angetrieben wurde, 1891 einen Mähdrescher mit Nivelliertechnologie, der an Hängen ernten konnte. Nachteil der neuen Maschinen war ihre Größe: Bis zu 20 Pferde oder Maultiere waren erforderlich, um sie zu ziehen und anzutreiben. Die Lösung war, eine andere Kraftquelle zu finden, was zu dieser Zeit Dampf bedeutete.

«Die Entwicklung von Getreideerntemaschinen, insbesondere der Mäh- und Dreschmaschine, war ein Highlight des 19. Jahrhunderts. Mechanisierung wurde als primäre Erfolgsquelle in der Weizenproduktion angesehen.»

BRUCE GARDNER, *AMERICAN AGRICULTURE IN THE TWENTIETH CENTURY* (2002)

Der Antrieb

Holts erster dampfgetriebener «Traktor» war ein 22 Tonnen schweres Monster auf riesigen Eisenrädern. Er entwickelt es 1892. Er war zwar langsam, konnte aber 45 Tonnen schleppen und ein Feld preiswerter abernten als ein von Pferden gezogener Mähdrescher. Das Gewicht bedeutete aber, dass er für weicheren Untergrund ungeeignet war. 1903 reiste Holt nach England, um die neuesten Entwicklungen in der Agrartechnik zu studieren. Nach seiner Rückkehr in die USA entwickelte er die Gleis- oder Raupenkette, die auch heute noch bei Schwerlast- und Militärfahrzeugen verwendet wird. Die Erfindung war so wichtig für die Firma, dass sich Holt 1911 entschied, sie in Holt Caterpillar Company (das englische Wort *caterpillar* bedeutet Raupe) umzubenennen, heute Caterpillar Inc. mit der Marke CAT. Im selben Jahr gelang Holt mit dem weltweit ersten Mähdrescher, der ausschließlich per Verbrennungsmotor angetrieben wurde, ein weiterer Durchbruch. Die Vorteile des Verbrennungsmotors gegenüber Dampf waren geringeres Gewicht, geringere Größe und verbesserte Kraftstoffeffizienz. Holts Neuerungen reduzierten die Zahl der benötigten Landarbeiter deutlich; diese mussten nun in den neuen Industriestätten nach Arbeit suchen.

MÄHDRESCHER

- **1799** Mähmaschine
- **1826** Mähmaschine von Bell
- **1831** «Virginia Reaper» von McCormick
- **1835** Pferdegezogener Mähdrescher von Moore
- **1872** Mähbinder
- **1911** Mähdrescher von Holt

Holt Caterpillar Company leistete im Ersten Weltkrieg den Alliierten wichtige Dienste; mit Traktoren der Firma wurden schwere Ausrüstung und Mannschaften transportiert.

Mäh-dreschers von Holt Caterpillar

[A] Benzinmotor
[B] Dreschwerk
[C] Gleiskette
[D] Hordenschüttler
[E] Lenkrad

Die Grundkonstruktion war ähnlich wie bei von Pferden oder Dampftraktoren gezogenen Maschinen. Der Mähdrescher von Holt war jedoch der erste, der vollständig von einem eingebauten Verbrennungsmotor angetrieben wurde. Das Getreide gelangte über das Schneidwerk, das an der Seite der Maschine angebracht war, und nicht vorne wie heute, in die Maschine und in das Dreschwerk, in dem die Körner von den Halmen getrennt wurden. Die Körner passierten Siebe und wurden gesammelt. War der Korntank voll, musste er mit dem Ablader in den Anhänger geleert werden. Die Spreu aus Halmen und anderem Abfall wurde durch Schüttler entfernt und über den Streuer auf dem Feld verteilt.

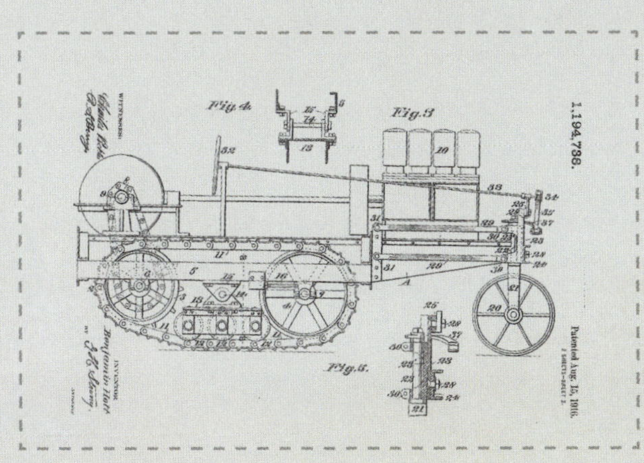

Benjamin L. Holt wachte sehr über seine Erfindungen und scheute sich nicht, Wettbewerber mit vermeintlichen Copyrightverletzungen zu konfrontieren.

27

Entwickler:

Alonzo Decker

BOHRMASCHINE VON BLACK & DECKER

Hersteller:

Black & Decker Manufacturing Company

Industrie

Landwirtschaft

Medien

Verkehr

Wissenschaft

Computer

Energie

Haushalt

1917

Sobald Wechselstrom überall verfügbar war und es kleine, praktische Elektromotoren gab, eroberte nicht nur das elektrische Licht die Haushalte, sondern auch eine Reihe arbeitssparender Geräte. Zur ersten Generation gehört die Bohrmaschine von Black & Decker.

Bohren auf eigenes Risiko

Nach statistischen Daten aus der ganzen entwickelten Welt erleiden buchstäblich Tausende von Heimwerkern oder DIY-Enthusiasten bei der Nutzung von Elektrowerkzeugen ernste und manchmal tödliche Verletzungen. An der Spitze der Liste steht der treue Begleiter des Hausbesitzers seit fast einem Jahrhundert, die Bohrmaschine. Manch einer fällt von der Leiter, bohrt sich in den eigenen Körper oder erwischt einen Versorgungsschacht, in dem womöglich Stromleitungen verlaufen. Die Einführung der ersten elektrischen Handbohrmaschine im frühen 20. Jahrhundert revolutionierte allerdings auch den Bau, die Unterhaltung und die Verbesserung von Heim und Haus und läutete eine Entwicklung ein, die Hunderte von Haushaltsversionen industrieller Werkzeugmaschinen hervorbringen sollte.

Handbohrer gibt es seit prähistorischen Zeiten und wasser- oder windbetriebene Versionen sind seit der Antike bekannt. Die industrielle Revolution erlebte die Erfindung hochgenauer Werkzeugmaschinen für die Industrie, wozu große, stationäre dampfbetriebene Bohrer gehörten. Aber bis ins zweite Jahrzehnt des 20. Jahrhunderts gab es keine tragbaren Werkzeugmaschinen für den kleinen Gewerbetreibenden oder Heimwerker. Die Erfindung des ersten praxistauglichen Elektromotors 1873 und die Bereitstellung einer verlässlichen Stromversorgung in den 1880er-Jahren begründeten einen völlig neuen Markt für elektrisch betriebene Produkte für den Haushalt, wie z. B. den Staubsauger. Angesichts der amerikanischen Tradition, Häuser selbst zu bauen und zu unterhalten, boten tragbare Werkzeugmaschinen eine unglaubliche wirtschaftliche Chance für jede Firma, die das richtige Gerät auf den Markt brachte. Mit ihrer vielfältigen Nutzbarkeit war die Bohrmaschine die erste portable Werkzeugmaschine der Welt.

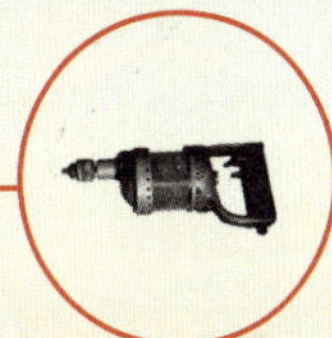

«Bohrmaschinen und andere transportable Werkzeuge hielten in der zweiten Hälfte des 20. Jahrhunderts in großen Teilen der industrialisierten Welt Einzug in die Haushalte. Die grundlegende Erfindung machten weit vorher Männer, deren Namen mit dem weltweit führenden Hersteller von Werkzeugmaschinen für den häuslichen Bedarf verbunden sind, Black & Decker.

D. Cole et al., *An Encyclopedia of Modern Everyday Inventions* (2003)

Traumpartner

S. Duncan Black und sein Partner Alonzo G. Decker trafen sich 1906 als Mitarbeiter einer Firma, die Druckerzubehör für die Telegrafenindustrie herstellte. Auch für vorbildliche Arbeitnehmer wie sie gab es wenig Hoffnung auf Aufstieg in der Firma. 1910 beschlossen sie die Gründung der Black & Decker (B&D) Manufacturing Company in Baltimore (USA). Die beiden waren extrem knapp bei Kasse und Black musste seinen wertvollsten Besitz, sein Auto, verkaufen, um seinen Anteil von $ 1200 am Startkapital aufzubringen, zusammen mit weiteren $ 3 000 von Unterstützern. Decker war das technische Genie, Black, ein geborener Kaufmann, der wirtschaftliche Kopf des Unternehmens. Anfangs stellte B&D Produkte für andere Firmen her, aber 1917 brachten sie das erste einer langen Reihe von B&D-Produkten auf den Markt, einen tragbaren Druckluftkompressor. Das Gerät verkaufte sich recht gut, aber die Firma wäre untergegangen, wenn nicht im Laufe des Jahres die von Decker entwickelte erste tragbare elektrische Bohrmaschine vorgestellt worden wäre. Die Bohrmaschine war von Anfang an weltweit ein Verkaufshit. Am Ende des Jahrzehnts verfügte die Firma über mehrere Fabriken und der Jahresumsatz überstieg $ 1 Mio.

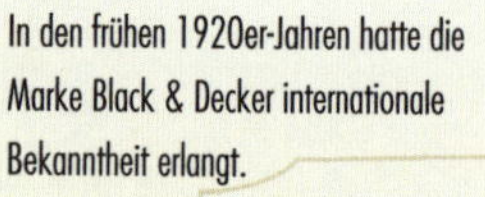

In den frühen 1920er-Jahren hatte die Marke Black & Decker internationale Bekanntheit erlangt.

BOHRMASCHINE VON BLACK & DECKER

Nach heutigen Maßstäben groß und unhandlich, war die B&D-Bohrmaschine seinerzeit ein kompaktes Wunderwerk. Decker entwickelte den universellen Gleich- und Wechselstrommotor, der das Bohrfutter mit einer Geschwindigkeit von 1500 Umdrehungen pro Minute drehte. Die Bohrer wurden in das Bohrfutter gesteckt und mit einem Bohrfutterschlüssel gesichert, wie bei den heutigen Geräten. Einziges Bedienelement war der Ein-Aus-Schalter an der Innenseite des Pistolengriffs, der es ermöglichte, den Bohrer mit einer Hand zu halten und zu bedienen und mit der anderen das Werkstück festzuhalten.

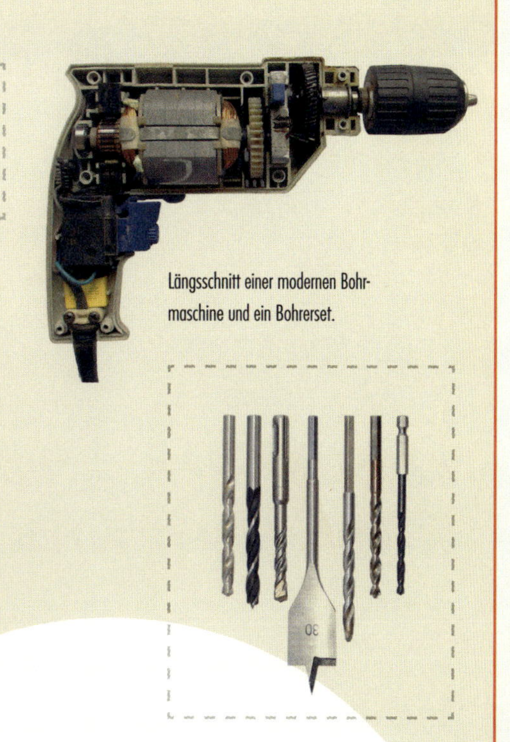

Längsschnitt einer modernen Bohrmaschine und ein Bohrerset.

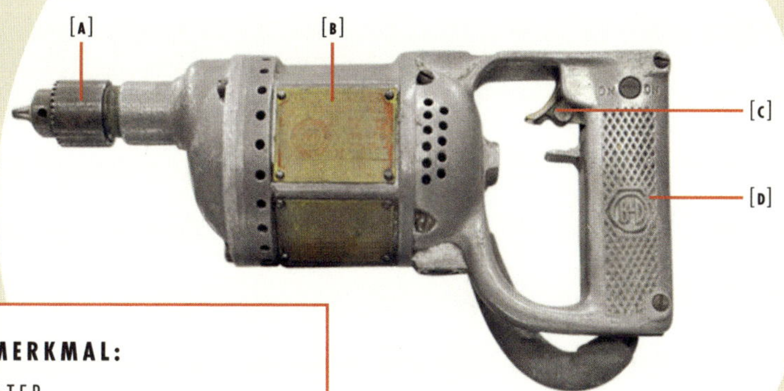

[A] Bohrfutter
[B] Motorgehäuse
[C] Ein-Aus-Schalter
[D] Griff

WESENTLICHES MERKMAL:

DER EIN-AUS-SCHALTER

Ein einzelner Ein-Aus-Schalter ist heute bei allen Maschinen und Haushaltsgeräten Standard, aber bevor Decker seinen Ein-Aus-Schalter patentierte, hatten elektrische Geräte normalerweise sowohl einen Ein- als auch einen Ausschalter. Diese einfache Neuerung machte elektrische Geräte viel benutzerfreundlicher.

28

Entwickler:

Christian Steenstrup

«MONITOR TOP»-KÜHLSCHRANK

Hersteller:

General Electric

Industrie

Landwirtschaft

Medien

Verkehr

Wissenschaft

Computer

Energie

Haushalt

1927

Indem er verhindert, dass Lebensmittel verderben, hat der Kühlschrank vermutlich mehr Leben gerettet als Heerscharen von Ärzten und Pflegern. Zwar war künstliche Kühlung zu Ende des 19. Jahrhunderts in der Lebensmittel- und Getränkeindustrie verbreitet, aber erst die Entwicklung erschwinglicher, in sich geschlossener elektrischer Kühlschränke im 20. Jahrhundert brachte die Vorteile der Kühlung schließlich in die Haushalte.

Der Eismann kommt nicht mehr

Bis ins 19. Jahrhundert gab es im Winter kalte Getränke für alle, jedenfalls in den Breiten, wo es genug Eis und Schnee gab, während sie in den wärmeren Monaten ein Luxus waren, den sich nur die Reichsten leisten konnten. Die Idee, mit Eis zu kühlen, geht bis in die Antike zurück. Eis wurde im Winter gesammelt und in Eishäusern gelagert oder in tiefen Gruben vergraben, um im Sommer genutzt zu werden. Bei mangelnder Isolierung waren die Verluste jedoch riesig. Mit der starken Zunahme der Stadtbevölkerung während der ersten industriellen Revolution und dem Anstieg des Lebensstandards, der in der zweiten erreicht wurde, stieg der Bedarf an Kühlung stetig: für den Transport frischer Lebensmittel in die Städte aus entfernten Produktionsgebieten, aber auch für die Lagerung und für Luxusgüter wie kalte Getränke und Eis.

KÜHLSCHRÄNKE

Kompressionskältemaschine **1834**

Kältemaschine von James Harrison **1856**

Absorptionskältemaschine **1859**

Kältemaschine von Linde **1876**

Audiffren-Kühlmaschine von GE **1911**

Kelvinator-Kühlschrank **1918**

«Monitor-Top» von GE **1927**

«In Ihrer Küche ist immer Sommer. Und Nahrungsmittelverderb droht immer – sobald die Kühlschranktemperatur 10 Grad überschreitet.»

PRINTWERBUNG VON G. E. FÜR DEN «MONITOR TOP REFRIGERATOR», 1929

Solange man Eis nicht künstlich erzeugen konnte, war die einzige Möglichkeit zu mehr Eis zu kommen, die Kapazität der Eishäuser deutlich zu erhöhen. Die Bereitstellung von Eis für Haushaltskunden wurde im späten 19. Jahrhundert zu einem großen Geschäft. Eine «Eisbox» funktionsfähig zu halten, war jedoch arbeitsintensiv, und als der Bedarf weiter stieg, wurde es schwierig, ausreichend Nachschub zu gewährleisten. Die Entwicklung von Kältemaschinen ab 1835 verringerte das Problem für Betriebe. Brauereien waren in den 1870er-Jahren der erste Industriezweig, der Kühlung in großem Maßstab einsetzte, gefolgt von Fleischverpackungsbetrieben ein Jahrzehnt später. Die Industriegeräte waren viel zu groß für die Nutzung im Haushalt, die frühesten Haushaltsmodelle hatten die Kühlanlage im Keller und die Kühlbox in der Küche. Die ersten in sich geschlossenen Kühlschränke kamen in den ersten Jahrzehnten des 20. Jahrhunderts auf den Markt. Solange die Kühleinheiten jedoch mehr als ein Familienauto kosteten, blieb der Markt für Kühlschränke winzig, bis General Electric 1927 das erste erschwingliche Modell vorstellte, «Monitor Top» genannt.

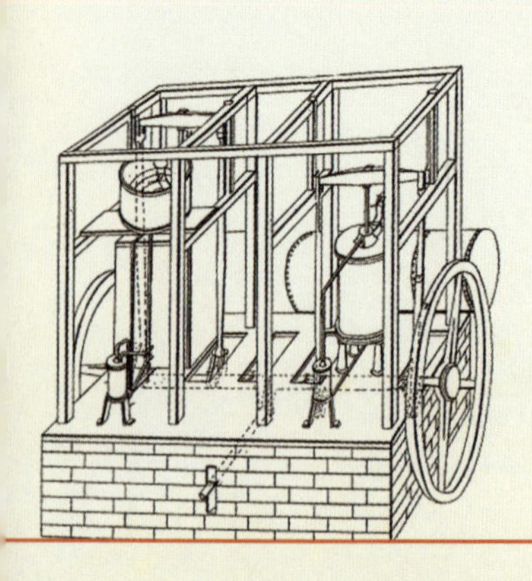

Der Vorläufer des Haushaltskühlschranks, John Gorries Eismaschine von 1851.

Aufbau des ...

«Monitor-Top»-Kühlschranks von G. E.

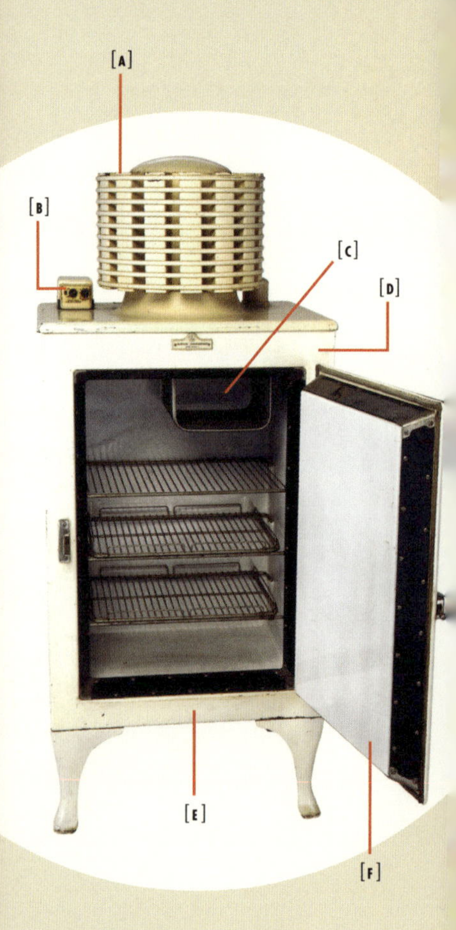

[A] Kühlaggregat
[B] Temperaturregelung
[C] Eisfach
[D] Stahlschrank
[E] Porzellanverkleidung
[F] Isolierte Tür mit Scharnier

In Kompressionskühlmaschinen werden Kühlmittel abwechselnd verdampft und kondensiert. Bei der Kondensation gibt es Wärme ab, beim Verdampfen nimmt es Wärme auf. Kompressionkühlung war den größten Teil des 20. Jahrhunderts die gängige Technologie bei Haushaltskühlschränken. Der von Christian Steenstrup (1873–1955) für General Electric entwickelte «Monitor Top» war ein in sich geschlossener Kühlschrank mit einem Stahlschrank, der innen und außen mit weißem Porzellan verkleidet war. Eine schwere Tür mit Scharnier stellte eine gute Isolierung sicher. Drei Einlegeböden boten Lagerplatz, ein kleines Eisfach ermöglichte die Herstellung von Eiswürfeln. Das Kühlaggregat und die Temperaturregelung befanden sich oben auf dem Gerät. Mit seinen Chippendale-Beinen sah der «Monitor Top» mehr wie ein Nacht- oder Badezimmerschrank aus als wie ein Kühlschrank, aber 1927 war das ein topaktuelles Design. Während frühere Modelle aus Holz gewesen waren, bestand der «Monitor Top» vollständig aus Stahl. Es wurden zwei giftige Kühlmittel eingesetzt, Schwefeldioxid und Methylformiat, die in den 1930er-Jahren durch ungiftiges Freon ersetzt wurden.

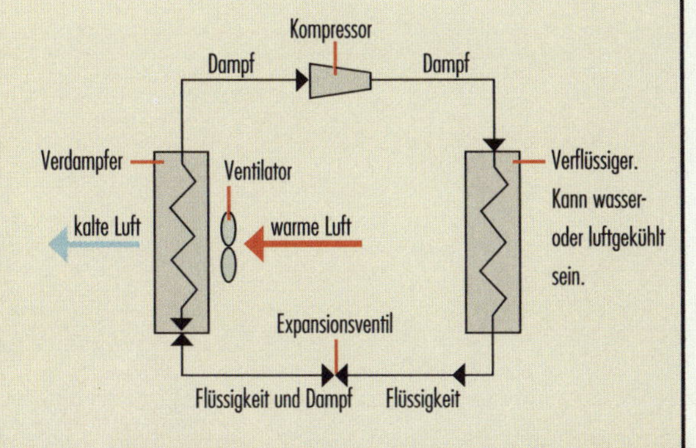

Schema des Kühlmittelkreislaufs in einem modernen Kühlschrank.

WESENTLICHES MERKMAL:

DAS KÜHLAGGREGAT

Wesentliches Designmerkmal war das hermetisch versiegelte Kühlaggregat, das auf dem Schrank befestigt war. Der Kühlschrank bekam seinen Spitznamen, «Monitor Top», wegen der Ähnlichkeit des Kühlers mit dem Geschützturm der USS *Monitor*, des ersten eisernen Kriegsschiffs im amerikanischen Bürgerkrieg.

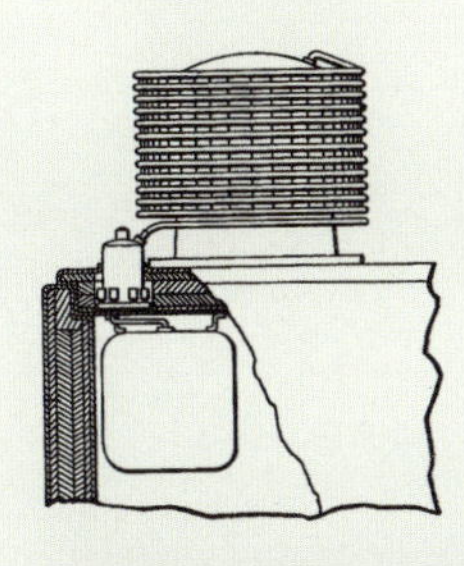

Schematische Darstellung des «Monitor-Top»-Kühlaggregats oben auf dem Gerät (links) und des Verflüssigers an der Rückseite eines modernden Kühlschranks (unten).

Entwickler:
Ludwig Dürr

LZ 127 GRAF ZEPPELIN

Industrie
Landwirtschaft
Medien
Verkehr
Wissenschaft
Computer
Energie
Haushalt

Hersteller:
Luftschiffbau Zeppelin

«Der ‹Zeppelin-Geist› erwuchs aus der Erhabenheit, der ungeheuren Größe der Maschine, ihrer technischen Perfektion. Vor dem Ersten Weltkrieg und danach durchdrang er das Bewusstsein einer deutschen Öffentlichkeit, die eine ingenieurmäßige Meisterleistung feiern wollte, die ‹gänzlich deutsch› schien.»

G. De Syon, *Zeppelin!* (2007)

1928

Bis 1937 gab es keine Flugzeuge mit starren Flügeln, die schwerer als Luft waren, sondern riesige, stattliche Luftschiffe, die Zeppeline. Hätten sie sich trotz tragischer Unglücksfälle und dem Desinteresse der Nationalsozialisten durchgesetzt, wäre der Lufttransport von Passagieren in der Nachkriegszeit vermutlich ganz anders verlaufen.

Ludwig Dürr

Magellan der Lüfte

1929 umrundete mit LZ 127 Graf Zeppelin erstmals ein Luftfahrzeug die Erde, das leichter als Luft war. Die Reise startete in Lakehurst (New Jersey, USA) und dauerte insgesamt 21 Tage, 21 Stunden und 31 Minuten, Stopps in Friedrichshafen (Deutschland), Tokyo (Japan) und Los Angeles (Kalifornien, USA) eingerechnet, bei einer reinen Flugzeit von 12 Tagen, 12 Stunden und 13 Minuten. Dieser Erfolg brachte dem Kapitän und Leiter der Luftschiffbau Zeppelin, Hugo Eckener (1868–1954), den Beinamen «Magellan der Lüfte» ein. Die vom amerikanischen Pressemagnaten William Randolf Hearst (1863–1951) finanzierte Reise sicherte das Überleben von Luftschiffbau Zeppelin und seinen Passagierdiensten.

LUFTSCHIFFE

Montgolfière	**1783**
Giffard I	**1852**
Dirigible No. 1	**1898**
LZ1 Zeppelin	**1900**
Signal Airship No. 1	**1908**
LZ 127 Graf Zeppelin	**1928**

Die Zeppeline wurden in riesigen Hallen in Friedrichshafen, Deutschland, gebaut.

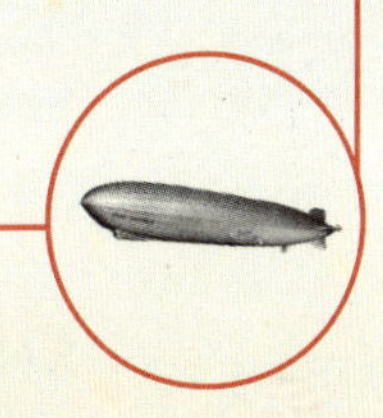

Auch wenn Passagierluftschiffe für immer durch die Tragödie der «Hindenburg» 1937 belastet sind, sollten wir nicht vergessen, dass es auch bei Luftfahrzeugen, die schwerer als Luft sind, in den frühen Jahren zu desaströsen Unfällen kam. Der Fluch der Luftschiffe war jedoch ihre Abhängigkeit von dem hochentzündlichen Wasserstoff, der für den Auftrieb sorgte. Zwar stand mit Helium eine Alternative zur Verfügung, aber die Versorgung mit diesem inerten Gas war schwierig. Sicherheitsfragen allein können nicht erklären, warum die Idee der Luftschiffe nach 1937 nicht weiterverfolgt wurde. LZ 127 hatte in 9 Jahren Tausende von Passagierflügen ohne größere Unfälle absolviert. Der wahre Grund für den Niedergang der Zeppeline war der Aufstieg der Nationalsozialisten, die in Deutschland 1933 an die Macht kamen. Sie hatten wenig Interesse an der Entwicklung von Luftschiffen, die sie für zu verwundbar hielten, um sie als Kriegswaffen einzusetzen. Und als die Regierung der USA, die über die weltweiten Vorräte verfügten, 1938 den Export von Helium nach Deutschland untersagte, war es unmöglich, transatlantische Flüge zwischen Deutschland und den USA wieder aufzunehmen.

Der Überflug von Zeppelinen zog große Menschenmengen an, die die Größe und Eleganz des riesigen Luftschiffs bestaunten.

Aufbau von ...

LZ 127 GRAF ZEPPELIN

Die Gondel war unter dem Körper des Zeppelins aufgehängt.

[A] Gondel
[B] Gerüst oder Gerippe
[C] Motoren
[D] Seitenruder
[E] Höhenruder

GRAF ZEPPELIN

In seinem ursprünglichen Konzept für die Luftschiffe, die seinen Namen tragen sollten, schlug Graf Ferdinand von Zeppelin (1838–1917) vor, mehrere zu einem «Luft-Zug» zu verbinden. Diese faszinierende Idee wurde nicht getestet. Das von ihm konstruierte Starrluftschiff, von Ludwig Dürr (1878–1956) verbessert, war eines der erfolgreichsten Luftverkehrsmittel des frühen 20. Jahrhunderts. Mit 236,5 m Länge war LZ 127 so lang wie ein Ozeanliner, hatte aber nur ein Bruchteil von dessen Kapazität, mit einer Besatzung von 40 Mann und Kabinenplatz für 20 Passagiere, die in der Gondel an der Unterseite des Luftschiffs transportiert wurden. Im Gegensatz zu den beengten Verhältnissen in den Propellerflugzeugen jener Zeit war die Unterbringung der Passagiere luxuriös, mit Zweibettkabinen und einem großen Panoramasalon. Riesige Gaszellen, die Wasserstoff und Blaugas enthielten, sorgten für den großen Teil des enormen Volumens des Fahrzeugs mit seinem Leichtgewichtsaluminiumrahmen und seiner äußeren Haut aus Baumwolle. Von fünf Maybach-Verbrennungsmotoren mit einer Gesamtleistung von 2096 kW angetrieben, die Blaugas verbrannten, hatte LZ 127 eine Höchstgeschwindigkeit von 128 km/h.

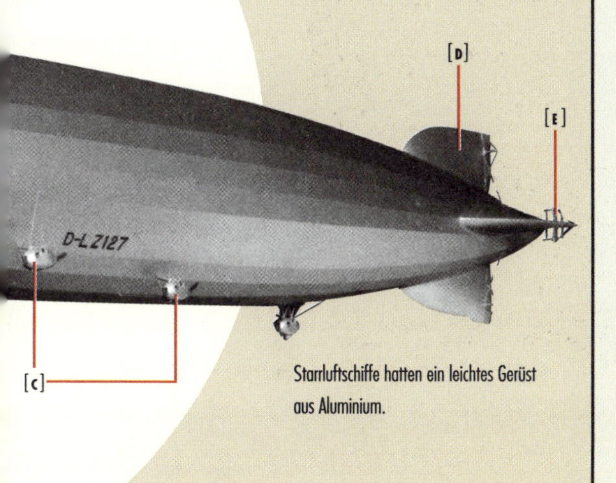

Starrluftschiffe hatten ein leichtes Gerüst aus Aluminium.

ENTSCHEIDENDES MERKMAL:

BLAUGAS

Frühere Zeppeline wurden mit Flüssigtreibstoff angetrieben, das Luftschiff verlor Gewicht, wenn der Treibstoff verbrannte, weshalb zum Auftriebsausgleich Wasserstoff abgelassen werden musste. Dieses Problem wurde schließlich mit LZ 127 gelöst, dessen Motoren mit Blaugas betrieben wurden. Das Gas hat dieselbe Dichte wie Luft, das Gesamtgewicht des Luftschiffs veränderte sich nicht, während es aufgebraucht wurde.

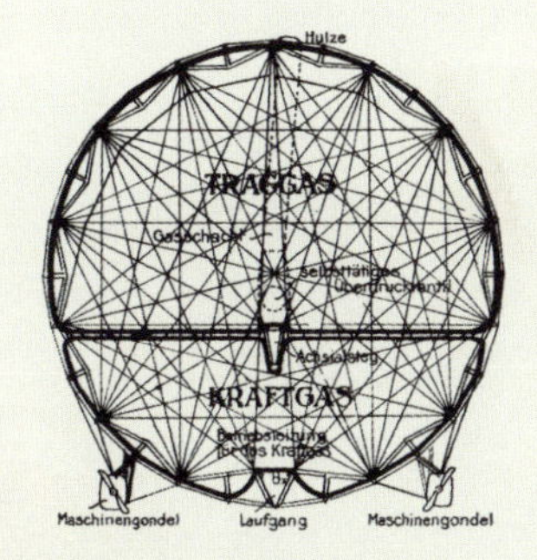

Querschnitt eines Zeppelins, der die verschiedenen Gaszellen zeigt.

[Rechts] Schnitte durch das Aluminiumgerüst eines Zeppelins

[Unten] Graf Zeppelin wurde mit fünf Verbrennungsmotoren angetrieben.

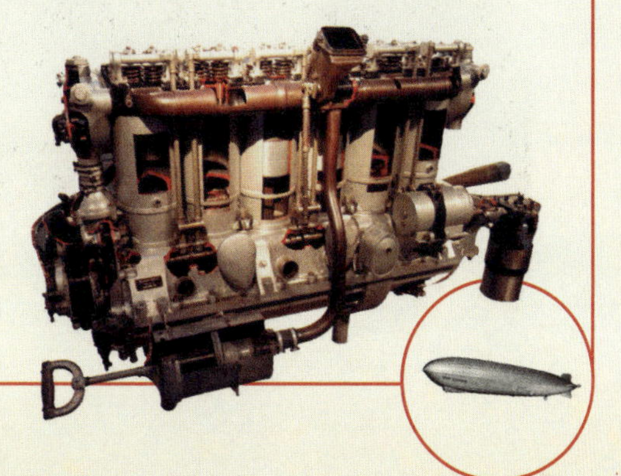

30

Entwickler:
John Logie **Baird**

BAIRDS «TELEVISOR»

Industrie
Landwirtschaft
Medien
Verkehr
Wissenschaft
Computer
Energie
Haushalt

Hersteller:
Plessey Company

1930

Fernsehen ist zweifellos die einflussreichste Erfindung im Medienbereich in der zweiten Hälfte des 20. Jahrhunderts. Zunächst als Modeerscheinung abgetan, die niemals die führenden Unterhaltungsmedien der Zeit, Radio und Kino, infrage stellen könnte, konnte es sich nur langsam durchsetzen. Auch wenn das elektromechanische Fernsehen schnell durch das elektronische verdrängt wurde, zeigte es nicht nur das Prinzip auf, sondern stellte außerdem eine Plattform für die ersten Fernsehübertragungen bereit.

Dramatisches Zwischenspiel

Die Fernsehpioniere in Großbritannien und Amerika untersuchten zunächst das Potenzial als Unterhaltungsmedium. Die ersten Filme deuteten schon darauf hin, wie sich das Programm in den beiden Ländern entwickeln würde. In «*Der Abgesandte der Königin*», 1928 aus einem Studio in Schenectady im US-Bundesstaat New York ausgestrahlt, ging es um die Romanze eines britischen Diplomaten mit einer geheimnisvollen Frau, die versucht, an das Dokument zu kommen, das er bei sich trägt. Zwei Jahre später zeigte die in London ansässige British Broadcasting Corporation (BBC) den anspruchsvollen Einakter «*Der Mann mit der Blume im Mund*» des Nobelpreisträgers Luigi Pirandello (1867–1936). Infolge der begrenzten technischen Möglichkeiten des elektromechanischen Fernsehens war es ambitioniert, auf dramatische Filme zu setzen.

In der amerikanischen Fernsehsendung agierten zwei Schauspieler, aber der Bildschirm der einfachen Geräte war so klein, dass die Zuschauer entweder das Gesicht des Schauspielers oder seine Hände sehen konnten. Der Regisseur filmte mit zwei Kameras die Gesichter der Schauspieler, während die dritte Kamera sich zwischen deren Händen und den nach dem Skript benötigten Requisiten bewegte. Ein großes Team von Technikern sorgte für Klang- und visuelle Effekte. Die BBC filmte für ihre Sendung mit einer Baird-Kamera. Drei Schauspieler spielten live vor einer schwarzweißen Wand, die ein Straßencafé darstellte. In beiden Fällen wurden Ton und Bild getrennt ausgestrahlt und im Fernsehempfänger synchronisiert.

Das Urteil der *New York Herald Tribune* über das weltweit erste Fernsehspiel schloss mit den Worten: «Diejenigen, die das Experiment verfolgten, waren sich einig, dass der Tag der sich bewegenden Radiobilder noch weit, weit in der Zukunft lag. Ob das System so weiterentwickelt werden kann, dass es kommerziell tragfähig und für die Öffentlichkeit von Nutzen ist, bleibt fraglich.»

Sie läuft und läuft

Warum ich ein elektromechanisches Gerät ausgewählt habe, statt eines der elektronischen Modelle, die den Nachkriegsmarkt dominierten, bis das Digitalfernsehen aufkam? Alles Neue beim Fernsehen, Interviews, Sport-, Musik-, Theater-, Außenübertragungen, Übertragungen von Küste zu Küste und über den Atlantik, Farbe und Videoaufzeichnungen, wurde mit dem elektromechanischen Fernsehen erreicht, das zumeist in Schwarzweiß und, im Fall des Baird-Systems, mit einer extrem geringen Auflösung zwischen 30 und 240 Zeilen sendete. 1936 hatte sich trotz aller technischen Beschränkungen elektromechanisches Fernsehen als Medium in der breiten Öffentlichkeit etabliert. Spätere Entwicklungen bauten lediglich auf dem auf, was Baird und andere Fernsehpioniere erreicht hatten.

FERNSEHEN

- **1884** Nipkow-Scheibe
- **1906** Rosings mechanischer Fernseher
- **1907** Elektrische Fernsehübertragung
- **1922** Ikonoskop
- **1925** Jenkins' mechanisches Fernsehen
- **1925** Farbfernsehröhre
- **1926** Bairds mechanisches Fernsehen
- **1926** Radioskop von Tihanyi
- **1927** Bildzerleger von Farnsworth
- **1930** Bairds Televisor

Das erste von John Logie Baird ausgestrahlte Fernsehbild.

Der «Televisor» von Baird und ähnliche Geräte werden elektromechanische Fernseher genannt, weil sie sich bewegende mechanische Teile mit elektronischen Komponenten verbanden. Herz des Systems war die Nipkow-Scheibe, benannt nach ihrem deutschen Erfinder Paul Nipkow (1860–1940). Die sich drehende perforierte Scheibe diente als einfacher Scanner, der ein Bild zerlegte, sodass es elektronisch an einen Empfänger übertragen werden konnte, der ebenfalls mit einer Nipkow-Scheibe ausgerüstet war. Nipkow kam die Idee schon früh, noch während seiner Studienzeit, aber er realisierte sie nie. Aufgegriffen wurde sie Jahrzehnte später von dem schottischen Erfinder Logie Baird (1888–1946) in Großbritannien und von Charles Jenkins (1867–1934) in den USA. Nipkow konnte sich 1928 im Alter von 68 Jahren in Berlin das Baird-System ansehen.

Drei Jahre nach der erfolgreichen Vorführung von Fernsehbildern mit Synchronton 1925 gründete Jenkins die erste Fernsehstation in den Vereinigten Staaten, die an fünf Abenden in der Woche sendete. 1932 jedoch war seine Firma pleite; Jenkins starb zwei Jahre später. Baird, mit der BBC im Hintergrund, erging es deutlich besser und sein elektromechanisches Fernsehen sendete bis 1937.

«Fernsehen wird sich nirgends länger als sechs Monate halten. Den Leuten wird es bald langweilig werden, jeden Abend in einen Sperrholzkasten zu starren.»

DARRYL F. ZANUCK IN EINEM INTERVIEW (1946)

Die Entwicklung geht weiter

Auch wenn das elektromechanische Fernsehen ein wichtiger Durchbruch war, fehlte etwas, das seine Bedeutung bestätigte: Patentverletzungsverfahren. Soweit ich weiß, gab es trotz der Ähnlichkeit ihrer Systeme keine Rechtsstreitigkeit zwischen Baird und Jenkins. Die Hauptakteure im Bereich der Fernsehtechnik dachten schon weiter. Als Jenkins und Baird ihre ersten zaghaften Übertragungsversuche machten, ging der Wettlauf um das perfekte elektronische Fernsehen in die Schlussphase. Die drei Hauptakteure waren Philo Farnsworth (1906–1971) sowie Vladimir Zworykin (1888–1982) in den USA sowie Kálmán Tihanyi (1897–1947) in Ungarn. Farnsworth war mit seinem «Image Dissector» zwischen 1927 und 1929 der erste, der elektronisches Fernsehen vorführte, während Zworykin während seiner Tätigkeit für Westinghouse am Ikonoskop arbeitete. Zworykin konnte sich auf ein Patent von 1925 berufen und die Tatsache, dass er sein Gerät früher vorgestellt hatte, aber das Bild des Ikonoskops war statisch. Es folgten langwierige Patentrechtstreitigkeiten zwischen Farnsworth und RCA, die Zworykins Patent erworben hatten, die schließlich 1939 zu Gunsten Farnsworths entschieden wurden. Erst als die Patente von Farnsworth und Zworykin mit Tihanyis revolutionärer Aufnahmeröhre kombiniert wurden, die dieser 1926 für sein «Radioskop» entwickelt hatte, war die Entwicklung elektronischen Fernsehens abgeschlossen.

Zworykin zeigt den Nachfolger des elektromechanischen Fernsehens, den Kathodenstrahlfernsehapparat.

BAIRDS «TELEVISOR»

[A] Bildschirm
[B] Nipkowscheibe
[C] Elektromotor
[D] Neonlampe
[E] Gehäuse für die Nipkowscheibe
[F] Ein-Aus-Schalter
[G] Radioempfänger/Tuner

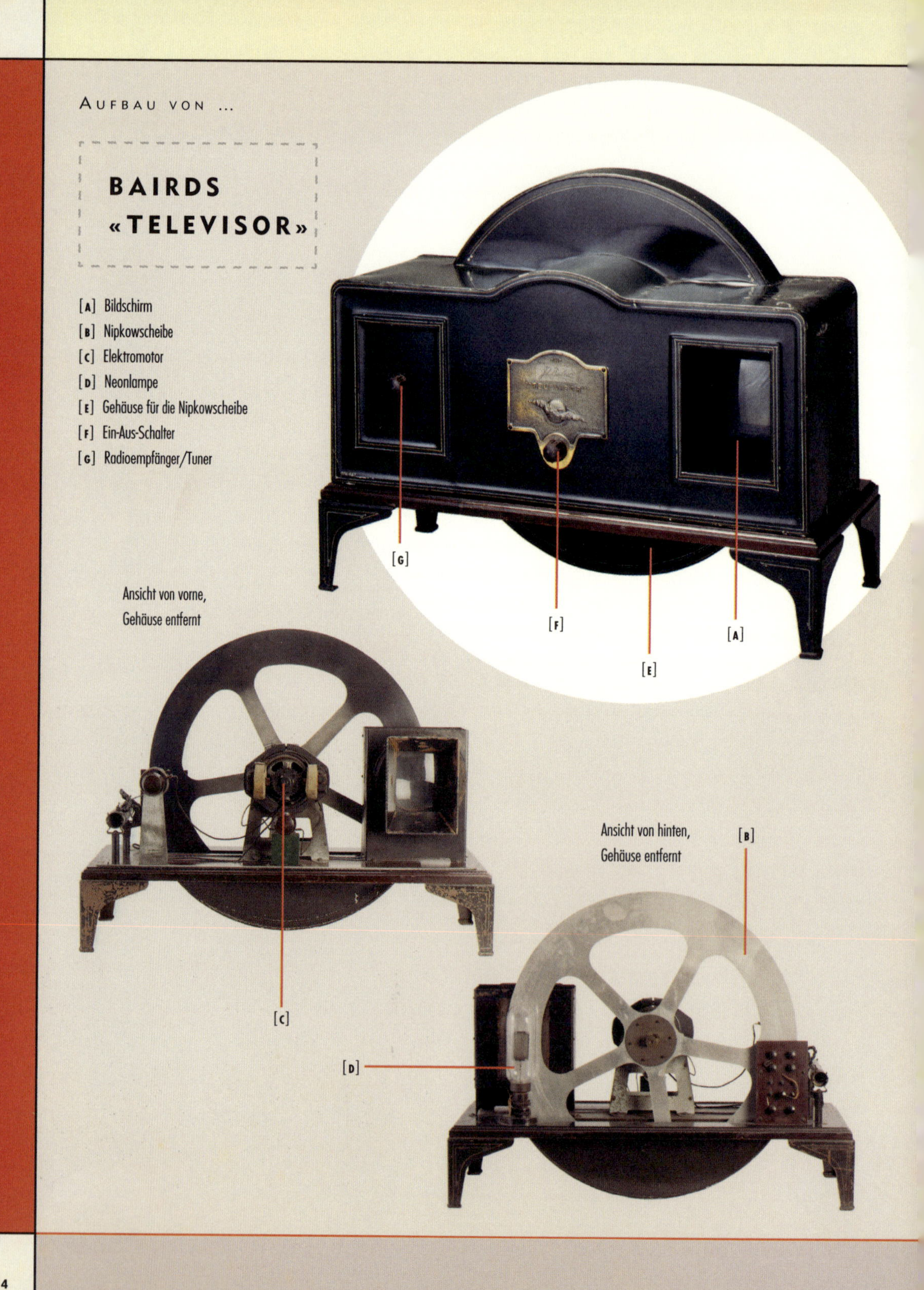

Ansicht von vorne, Gehäuse entfernt

Ansicht von hinten, Gehäuse entfernt

Der «Televisor» wurde zunächst als Bausatz verkauft, alle Teile lagen offen. Das erste Fertigmodell, das 1930 auf den Markt kam, hatte ein Metallgehäuse, das wie eine Kreuzung aus einem altmodischen Küchenofen und einem Peep-Show-Automaten aussah. Der runde Abschnitt in der Mitte enthielt die Nipkowscheibe, angetrieben durch einen Elektromotor. Der «Bildschirm» rechts bestand aus einer Vergrößerungslinse vor der Scheibe und einer Neonlampe dahinter. Das Bild hatte 30 Zeilen (später auf 240 erhöht), vertikal statt horizontal wie in heutigen Fernsehern. Das Hochformatdisplay war so klein, dass jeweils nur eine Person schauen konnte. Statt schwarzweiß war das Bild wegen der Farbe der Neonröhre orangeweiß. Das Bild wurde mittels Radiowellen übertragen, der Ton separat empfangen. Auch wenn 1000 Exemplare hergestellt wurden, war sich Baird der Tatsache bewusst, dass es sich lediglich um einen primitiven Prototypen handelte.

WICHTIGSTES MERKMAL:

DIE NIPKOW-SCHEIBE

Die Nipkow-Scheibe produzierte und reproduzierte das Bild. Im Studio wurde Licht durch die Scheibe auf das Objekt projiziert. Fotoelektrische Zellen verwandelten die Variationen des reflektierten Lichts in Impulse, die verstärkt und über Radiowellen übertragen wurden. Auf Empfängerseite blitzte Licht hinter der Scheibe auf, wodurch das Originalbild wieder zusammengesetzt wurde.

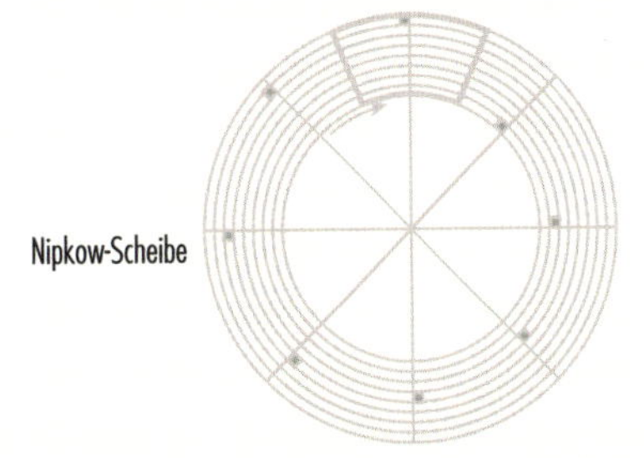
Nipkow-Scheibe

John Logie Baird an einem elektromechanischen Fernseher arbeitend. In diesem Experiment scannt er seine Hand mit der Nipkowscheibe und überträgt das Bild per Funk.

31

Entwickler:

Willis Carrier

PHILCO-YORK-KLIMAANLAGE «COOL WAVE»

Hersteller:

York Ice Machinery Company

Industrie

Landwirtschaft

Medien

Verkehr

Wissenschaft

Computer

Energie

Haushalt

«Es waren Luxusgüter wie Klimaanlagen, die dem Römischen Reich den Untergang brachten. Mit Klimaanlagen waren die Fenster geschlossen, sie konnten die Barbaren nicht hören.»

GARRISON KEILLOR (GEB. 1942)

1938

Klimatisierung ist in der Industrie in den unterschiedlichsten Bereichen wichtig. Für die Allgemeinheit bestand der Haupteffekt in der Verbesserung der Lebensqualität in den wärmeren Teilen der Welt, beispielsweise des amerikanischen «Sun Belt», wo die Einführung von Klimaanlagen notwendige Voraussetzung für Bevölkerungszunahme und ökonomische Entwicklung war.

Willis Carrier

Gen Süden

In einer der kühleren Teile der Welt aufgewachsen, wo Hitzewellen Tage dauern und nicht Wochen oder Monate, konnte ich die Vorteile zentraler Klimananlagen nicht ermessen. Als meine Eltern jedoch nach Zentraltexas umzogen, wo die durchschnittlichen Sommertemperaturen 31 °C erreichen können, wurden deren Reize unmittelbar einsichtig. In den 1920er-Jahren wurden Kühlschränke in den Haushalten üblich, aber erst 1938 kam eine transportable Fenster-Klimaanlage auf den Markt, die «Cool Wave» von Philco-York. «Cool Wave» war ein Gemeinschaftsprojekt der Philco Company, eines großen amerikanischen Radioproduzenten, und der York Ice Machinery Company, die auf Kühlsysteme und Klimaanlagen für die Industrie spezialisiert war.

Ich habe zwar Willis Carrier (1876–1950) als Entwickler benannt, aber er war nicht derjenige, der die «Cool Wave» entwarf (deren Entwickler leider anonym geblieben ist), jedoch der Erfinder der Klimaanlage und Gründer eines Wettbewerbers der York Ice Machinery Company, der Carrier Company. Carrier patentierte 1906 seine erste industrielle Klimaanlage, die er 1902 für einen Druckbetrieb in Buffalo im US-Bundesstaat New York entwickelt hatte. Eine Klimaanlage funktioniert ganz ähnlich wie ein Kühlschrank, mit einem flüssigen Kühlmittel, das unter Druck durch Windungen zirkuliert. Wenn das Kühlmittel durch ein Expansionsventil fließt, das plötzlich den Druck reduziert, sinkt seine Temperatur, die Luft wird gekühlt und mit einem Ventilator in den Raum geblasen.

1930 entwickelte Thomas Midgley (1889–1944) den Fluorkohlenwasserstoff Freon als Ersatz für toxische Kühlmittel wie Ammoniak, die vorher in Kühlschränken und Klimaanlagen verwendet worden waren. Bei der «Cool Wave» wurden Carriers Konstruktion und Midgleys Freon kombiniert und in ein stilistisch überzeugendes Gehäuse aus Holz gepackt. Das Gerät konnte an eine Steckdose angeschlossen werden und war transportabel. Die Klimatisierung der Häuser trug wesentlich zur wirtschaftlichen Entwicklung der südlichen US-Bundesstaaten bei.

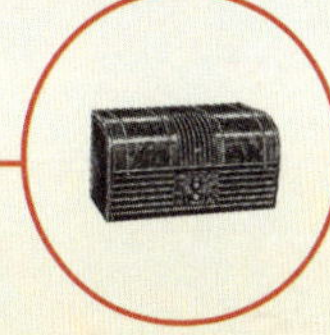

32

Entwickler:
Ernst Ruska

ELEKTRONEN-MIKROSKOP VON SIEMENS

Industrie
Landwirtschaft
Medien
Verkehr
Wissenschaft
Computer
Energie
Haushalt

Hersteller:
Siemens-Reiniger-Veifa
Gesellschaft für medizinische
Technik G.m.b.H

1939

Mit dem Elektronenmikroskop wurden die Beschränkungen der Lichtmikroskopie überwunden. Das Transmissionselektronenmikroskop ermöglichte wichtige Fortschritte in der Medizin – über die Abbildung der Struktur von Zellen und Viren – und in den Ingenieurwissenschaften und der Physik, indem es die atomare Struktur von Materialien offenlegte.

Unsichtbares wird sichtbar

Im Sommer 1930 erhielt der deutsche Elektroingenieur Reinhold Rudenberg (1883–1961) die Nachricht, dass sein kleiner Sohn an Polio erkrankt war. Bis 1950, als eine effektive Impfung entwickelt wurde, war Polio oft tödlich oder führte zu Lähmung oder Muskelschwund in den Beinen. Das Polio-Virus war zwar bekannt, aber wie andere Viren wegen der geringen Größe unter dem Lichtmikroskop nicht sichtbar. Rudenberg schlug unter Berufung auf bekannte theoretische Arbeiten ein Mikroskop vor, in dem ein Elektronenstrahl, der mithilfe elektrostatischer Linsen fokussiert wurde, das Licht ersetzte. Sein Arbeitgeber, die deutsche Siemens AG, ließ sich 1931 das Prinzip patentieren.

Man nimmt an, dass die ersten Lichtmikroskope im späten 16. Jahrhundert aus frühen Teleskopen entstanden. Aber ihre volle Bedeutung wurde erst im 17. Jahrhundert erkannt mit den Arbeiten von Robert Hooke (1635–1703) und Antonie van Leeuwenhoek (1632–1723), des «Vaters der Mikrobiologie», dessen Veröffentlichungen zu den ersten gehörten, die die mikroskopische Welt für die Allgemeinheit sichtbar machten. Die Vergrößerung eines Lichtmikroskops liegt etwa beim 1000-fachen und reicht nicht aus, biologische Strukturen von der Größe von Viren aufzufinden. 1897 entdeckte der Physiker J. J. Thomson (1856–1940) das Elektron und in den folgenden Jahrzehnten schlugen mehrere Wissenschaftler, darunter der ungarische Physiker Leó Szilárd (1898–1964), vor, dieses subatomare Teilchen, das eine viel kürzere Wellenlänge hat als sichtbares Licht, als Mittel zur Vergrößerung zu nutzen.

1931 baute Ernst Ruska (1906–1988) als Doktorand den Prototypen eines Transmissionselektronenmikroskops (TEM). Während der 1930er-Jahre entwickelte er es weiter und baute 1939 unter Nutzung des Siemens-Patents – 1937 war er in die Firma eingetreten – das erste kommerzielle Gerät. Ruska gelang es zusammen mit seinem Bruder, dem Mikrobiologen und Arzt Helmut Ruska (1908–1973), die ersten Bilder von Viren zu erzeugen und damit Rudenbergs Traum zu realisieren.

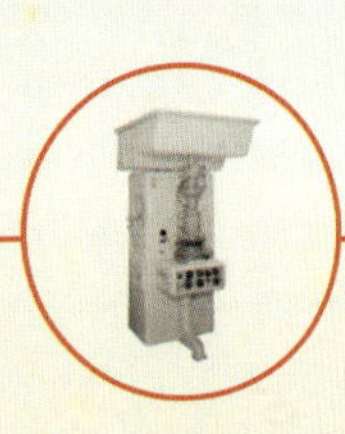

ELEKTRONEN-MIKROSKOPS

[A] Kathode
[B] Gasentladungsröhre
[C] Kondensorlinse
[D] Objektivlinse
[E] Projektivlinse
[F] Glasplatte
[G] Objektebene
[H] Intermediärbild
[I] Beobachtungsfenster

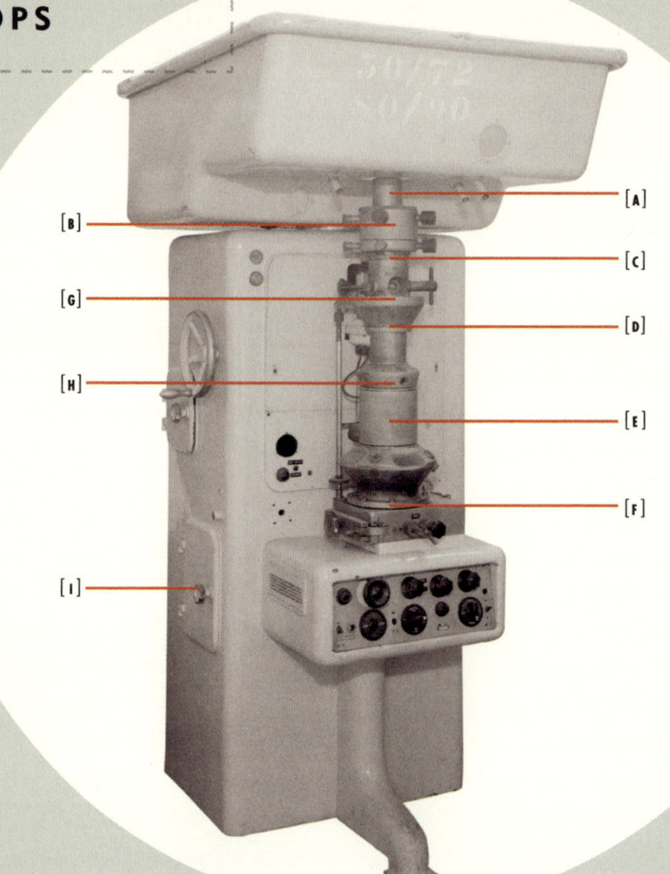

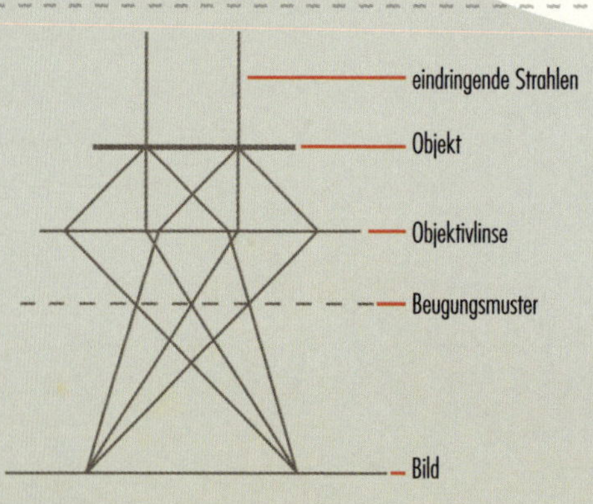

Diese Skizze zeigt, wie parallele Elektronenstrahlen das Objekt durchdringen und in verschiedene Richtungen gebeugt werden. Die Objektlinse bündelt die Strahlen, die vom selben Punkt der Probe stammen, und fokussiert sie auf die Bildebene. Beim Beobachten der Elektronen in dieser Ebene erkennt man das Beugungsmuster der Elektronen.

Ein Transmissionselektronenmikroskop besteht von oben nach unten aus drei wesentlichen Abschnitten: 1. Elektronenquelle (Kathodenstrahlröhre) als «Beleuchtungsapparat»; 2. Objektebene; 3. Linsengruppe aus elektromagnetischen Linsen, die den Elektronenstrahl formen und fokussieren. Das Untersuchungsobjekt im TEM ist eine extrem dünne Schicht des interessierenden Materials. Der Strahl geht durch das Objekt, wobei er strukturelle Informationen sammelt, die mithilfe der elektromagnetischen Linsen vergrößert werden. Die Daten werden auf das Aufzeichnungs- und Anzeigesystem übertragen. Das auf diese Weise produzierte Bild kann auf einem Leuchtschirm betrachtet oder fotografisch festgehalten werden (bei modernen Geräten wird es direkt auf den Computerbildschirm übertragen). Ruskas Prototyp hatte eine geringere Vergrößerung als die besten Lichtmikroskope seiner Zeit, aber in den folgenden Jahrzehnten entwickelte er das TEM weiter bis zur 100000-fachen Vergrößerung. Die viel höheren Vergrößerungen, die mit heutigen TEM möglich sind, haben nicht nur die Medizin, sondern auch die Materialwissenschaft verändert, da das Instrument dazu genutzt werden kann, um die Struktur von Materialien auf atomarem Niveau zu studieren.

Pollen; 500-fach vergrößert im Elektronenmikroskop.

«Von manchen Wissenschaftlern als die bedeutendste Erfindung des 20. Jahrhunderts angesehen, ermöglicht das moderne Elektronenmikroskop Vergrößerungen bis zum 2-Millionen-fachen. Während andere Erfindungen viel größeren sozialen und kulturellen Einfluss hatten, ist das Elektronenmikroskop auf zahlreichen wissenschaftlichen Feldern heute ein entscheidendes Werkzeug.»

R. Carlisle, Scientific American Inventions and Discoveries (2004)

ENTSCHEIDENDES MERKMAL:
ELEKTROMAGNETISCHE LINSEN

Magnetische Linsen bündeln den Elektronenstrahl wie Glaslinsen das Licht. Im TEM gibt es drei Arten von Linsen: Kondensorlinsen, die den Elektronenstrahl formen; Objektivlinsen, die den Strahl bündeln, der durch das Untersuchungsobjekt dringt; Projektivlinsen, die das Bild auf den Bildschirm oder Film übertragen. Sie bestehen aus elektromagnetischen Spulen in quadratischer oder hexagonaler Anordnung.

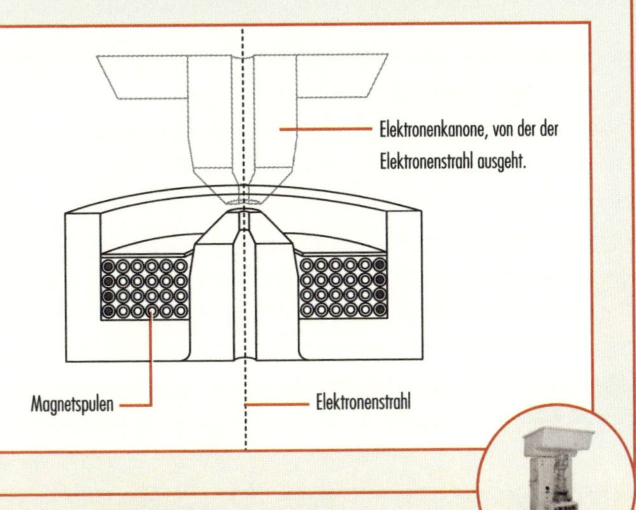

33

Entwickler:
Wernher von Braun

V2-RAKETE VON MITTELWERK

Industrie
Landwirtschaft
Medien
Verkehr
Wissenschaft
Computer
Energie
Haushalt

Hersteller:
Mittelwerk GmbH

1944

Ursprünglich als Angriffswaffe für das Naziregime während des Zweiten Weltkriegs entwickelt, wurde die V2 zur Basis für die Weltraumprogramme der USA und der UdSSR. V2-Entwickler Wernher von Braun und Mitglieder seines Teams ergaben sich den Amerikanern und verschafften den USA damit einen signifikanten Vorteil in der Raketentechnologie.

Zünden und Weglaufen

Eine Rakete besteht unabhängig von Absichten und Zwecken aus einer Metallröhre, die mit einer hochexplosiven Substanz gefüllt ist, die, wenn angezündet, die Rakete mit ungeheurer Geschwindigkeit in den Himmel schießt. Der Trick ist natürlich zu verhindern, dass die Rakete a) auf dem Boden, b) in der Luft vor Erreichen ihres Ziels oder c) im Falle eines bemannten Raumfahrzeugs überhaupt explodiert. Die Chinesen, die das Schießpulver erfanden, waren um das 12. Jahrhundert die ersten, die mit Raketen als Waffen experimentierten. Sie lösten die Probleme a) und b), während eine Lösung für c) bis Mitte des 20. Jahrhunderts bis zu den Weltraumprogrammen der Amerikaner und Russen auf sich warten ließ.

Der Mann, der als Vater der modernen Raketentechnik gefeiert wird, ist der amerikanische Physiker Robert Goddard (1882–1945), der in den 1920er-Jahren die ersten mit Flüssigtreibstoff betriebenen Raketen entwickelte. Wernher von Braun (1912–1977), ein junger deutscher Raketentechniker, interessierte sich besonders für Goddards Arbeiten. 1933 wurde er Mitglied der NSDAP und der paramilitärischen SS, behauptete später aber, er sei diesen Organisationen nur beigetreten, um seine Raketenforschung weiter betreiben zu können, und habe nicht an politischen Aktivitäten teilgenommen. Die V2 wurde jedoch von Zwangsarbeitern gebaut, dabei kamen mit geschätzten 20 000 mehr Menschen ums Leben als bei ihrem militärischen Einsatz (geschätzt 7 250). Sobald von Braun für die USA arbeitete, war von Fehlverhalten während des Kriegs keine Rede mehr…

Auch wenn die V2 die modernste Rakete ihrer Zeit war, war der Schaden, den sie den Alliierten im Krieg zufügte, so gering, dass ihr Einsatz im Herbst 1944 vermutlich den Krieg verkürzte, weil die Ressourcen für die Konstruktion taktisch wertvollerer Kampfflugzeuge fehlten. Nach dem Sieg über Deutschland übernahmen sowohl die Amerikaner als auch die Russen die V2-Technologie, die später die Grundlage ihrer Weltraumprogramme wurde. Der erste erfolgreiche Testflug einer V2 1942 markiert den Beginn des Weltraumzeitalters.

V2-Rakete von Mittelwerk

[A] Gefechtskopf
[B] Kreiselsteuerung
[C] Leitstrahl
[D] Ethanol-Wasser-Gemisch
[E] Raketenkörper
[F] Flüssiger Sauerstoff
[G] Brennkammer
[H] Stabilisierungsflosse
[I] Strahlruder

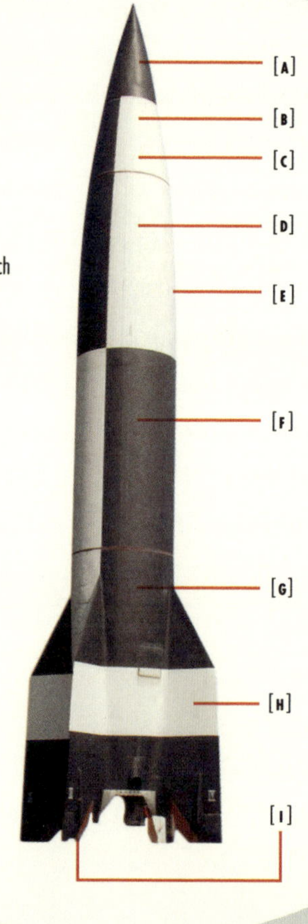

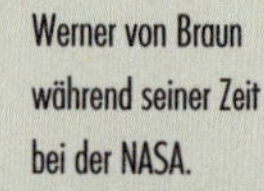
Werner von Braun während seiner Zeit bei der NASA.

«Wir wussten, dass der Bau jeder V2 so viel kostete wie der eines Hochleistungskampfflugzeugs […] Aus unserer Sicht war das V2-Programm fast so gut wie wenn Hitler eine Politik einseitiger Entwaffnung eingeschlagen hätte.»

F. Dyson: *Disturbing the Universe* (1979)

Wie viele moderne Raketensysteme war die V2 eine mobile Waffe.

Die V2 war knapp 14 m lang und wog 12,5 t. Mit Gefechtskopf ausgerüstet, war sie die erste ballistische Langstreckenrakete, die eine Ladung von 1 000 kg herkömmlichen Sprengstoffs tragen konnte, bei einer maximalen Reichweite von 320 km und einer Fluggeschwindigkeit von 5760 km/h. Um von feindlichen Flugzeugen nicht bemerkt zu werden, wurde die V2 von einer mobilen Startrampe, dem Meillerwagen, abgeschossen. Wäre es den Deutschen gelungen, eine Atombombe zu entwickeln, hätten sie die V2 nutzen können, um London und Moskau auszulöschen, und bei Abschuss von einer an einem U-Boot befestigten Plattform sogar das amerikanische Festland angreifen können. Glücklicherweise bauten die Deutschen die Rakete, bevor sie ihre atomare Last entwickelten. Im über Gyroskope gesteuerten Flug erreichte die V2 beim Start vom Meillerwagen eine Flughöhe von 88 km, senkrecht abgeschossen konnte sie eine Höhe von 206 km erreichen. Am 24. Oktober 1946 machte eine an einer amerikanischen V2 befestigte Kamera die ersten Bilder der Erde aus dem All.

WICHTIGSTES MERKMAL:

DAS FLÜSSIGTREIBSTOFF-RAKETEN-TRIEBWERK

Die V2 wurde mit 3 810 kg eines Ethanol-Wasser-Gemischs und 4 910 kg flüssigem Sauerstoff betankt, die Brennzeit betrug 65 Sekunden. Wasserstoffperoxid-Dampfturbinen pumpten den Treibstoff und den Sauerstoff in die Brennkammer und dann durch 1 224 Düsen, die die richtige Mischung von Ethanol und Sauerstoff sicherstellten, in den Raketenmotor.

Antrieb einer V2-Rakete im Nationalmuseum der amerikanischen Luftstreitkräfte (National Museum of the United States Air Force) in Dayton im amerikanischen Bundesstaat Ohio.

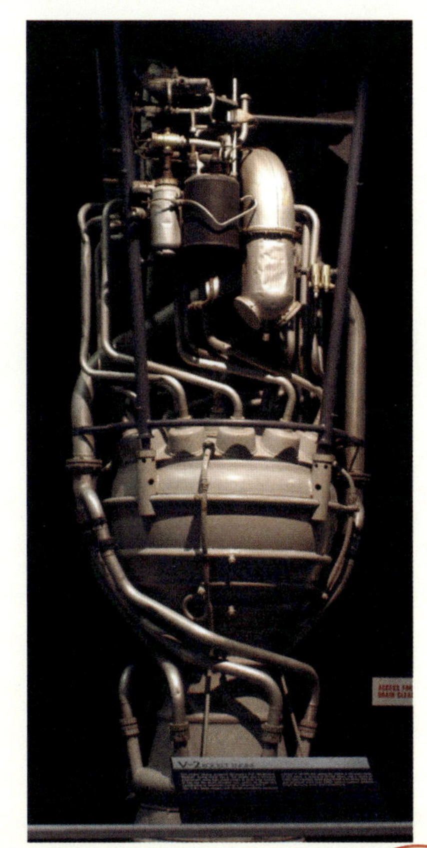

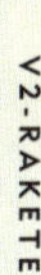

34

Entwickler:
General Electric
R&D Dept

TOPLADER-WASCHVOLL-AUTOMAT

Hersteller:
General Electric

Industrie
Landwirtschaft
Medien
Verkehr
Wissenschaft
Computer
Energie
Haushalt

1947

10 Jahre nach dem ersten erschwinglichen Haushaltskühlschrank, dem «Monitor Top», entwickelte General Electric das wichtigste arbeitssparende Gerät des Jahrhunderts: den Toplader-Waschvollautomaten, der auf einen Streich eine der zeitraubendsten und lästigsten Aufgaben der Woche erledigte.

Eine Last weniger

Unsere Urgroßmütter hätten auf die Frage nach der schlimmsten Hausarbeit wohl geantwortet: die wöchentliche Wäsche. Die ersten elektrischen Waschmaschinen, die zu Beginn des 20. Jahrhunderts auf den Markt kamen, waren kaum mehr als primitive Wannen mit Flügelrädern, die die Wäsche bewegten. Sie behandelten die Kleidung in heißem Seifenwasser, mussten aber per Hand gefüllt und geleert werden und sie schleuderten die Wäsche nicht. In den 1940er-Jahren waren die Waschmaschinen mit elektrischen Wringmaschinen (Mangeln) ausgerüstet, um die Kleidung auszuwringen bevor sie zum Trocknen aufgehängt wurde. Kombinierte Waschtrockner waren immer noch ein Jahrzehnt entfernt. Was mit einer modernen vollautomatischen Waschmaschine 30–45 min. dauert, je nach gewähltem Waschgang, hätte mit einer Maschine aus der Zeit vor 1947 die Hausfrau zwei Stunden oder mehr gekostet.

«Ohne sich die Hand nass zu machen, kann man mit einem Waschvollautomaten eine 9-Pfund-Wäsche in einer halben Stunde erledigen, eine Arbeit, die mit konventionellen Maschinen immer noch zwei Stunden dauert.»

«Wie man eine Waschmaschine auswählt» aus *Popular Science* (1947)

Eine Handwaschtrommel aus dem frühen 19. Jahrhundert – der Vorläufer der modernen Waschmaschine.

Die Old Alfa, eine handbetriebene Waschmaschine.

Wie wir unter anderem an der Schreibmaschine gesehen haben, hatte sich im späten 19. Jahrhundert die Rolle der Frauen zu ändern begonnen. Die Entwicklung setzte sich fort und beschleunigte sich nach dem Zweiten Weltkrieg noch: Es war wahrscheinlicher, dass Frauen einer Erwerbsarbeit nachgingen, und weniger wahrscheinlich, dass sie Hilfe im Haushalt hatten, auch wenn immer noch erwartet wurde, dass sie den Großteil der Hausarbeit erledigten. Mitte der 1940er-Jahre bedeuteten technologische Verbesserungen und steigende verfügbare Einkommen, dass sich die meisten Mittelklassefamilien zeitsparende Haushaltsgeräte leisten konnten. Der «Heilige Gral» der Haushaltswäscherei, der schließlich in Form des Waschvollautomaten von General Electric geliefert wurde, war es, die Maschine zu starten und erst wieder zurückzukehren, wenn die Kleidung gewaschen, gespült und geschleudert war; fertig zum Nachtrocknen oder Bügeln.

WASCHVOLLAUTOMATEN VON GENERAL ELECTRIC

Nahaufnahme von Temperatur- und Zeitregler.

WICHTIGSTES MERKMAL:

AUTOMATISIERUNG

Die Einzelkomponenten des Waschvollautomaten waren nicht neu, neu war die Vollautomatisierung, die es der Hausfrau ermöglichte, die Maschine zu starten und 45 Minuten später zu sauberer und fast trockener Wäsche zurückzukehren.

Die Trommel mit Rührwerk und eingebauter Waschmittelzufuhr.

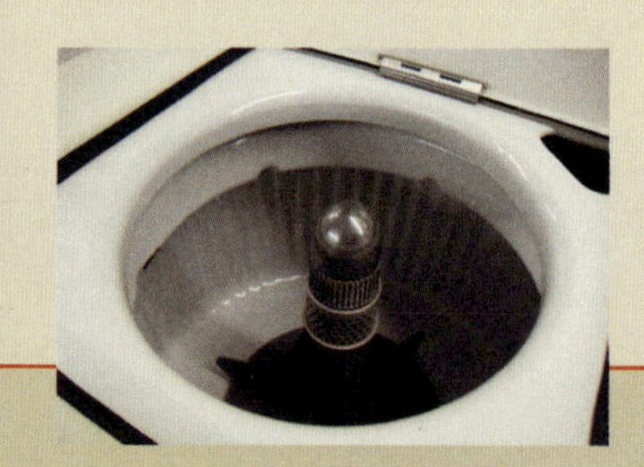

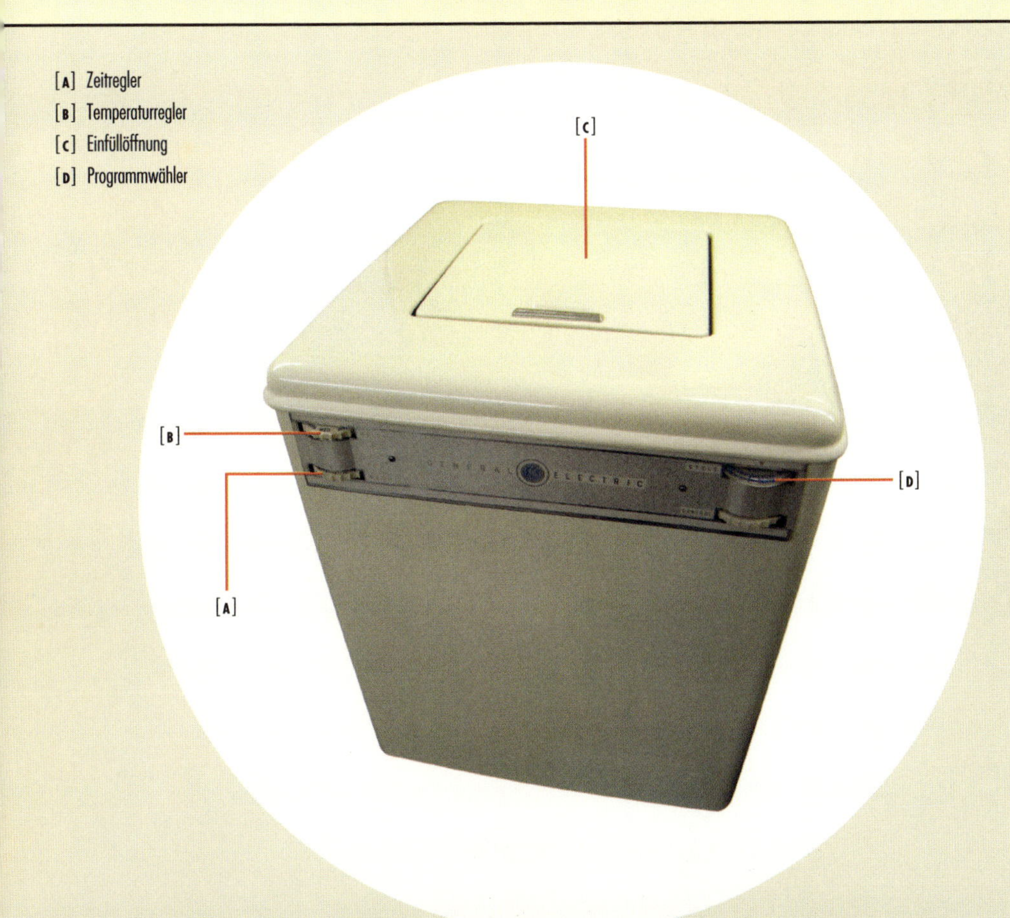

Was Design und Funktionen angeht, markierte der Waschvollautomat von General Electric den Beginn moderner Waschmaschinen. Links befinden sich Temperaturwähler – «warm», «mittel», «heiß» – und Zeitwähler (3 bis 20 Minuten). Beim Programmwähler rechts konnte man sich zwischen vollautomatischem Waschgang (45 Minuten) oder separaten Einstellungen für «Einweichen», «Waschen», «Spülen» und «Trocknen» entscheiden. War die Wäsche eingefüllt, gab man das Waschmittel in den Waschmittelbehälter. Die Maschine wurde an die Hauswasser- und -Abflussleitung angeschlossen, d. h., man musste sich nicht um Einfüllen und Leeren kümmern. Das Wasser lief über den Waschmittelbehälter in die Maschine. War der richtige Wasserspiegel erreicht, wurde das Rührwerk (Agitator) gestartet. Am Ende des Waschgangs pumpte die Maschine ab und spülte den inneren Bottich aus, um Laugenreste zu entfernen. Anschließend schleuderte die Maschine mit 1140 Umdrehungen pro Minute und trocknete auf diese Weise die Wäsche im inneren Bottich. Das Wasser blieb im äußeren Bottich und konnte entweder abgepumpt werden – durch Auswahl von «Leeren» am Programmwähler – oder für einen neuen Waschgang genutzt werden.

35

Entwickler:

Jack Mullin

TONBANDGERÄT MODELL 200A VON AMPEX

Industrie

Landwirtschaft

Medien

Verkehr

Wissenschaft

Computer

Energie

Haushalt

Hersteller:

Ampex Electric and Manufacturing Company

1948

Bis zum Ende des Zweiten Weltkriegs waren Tonaufzeichnungen und Tonübertragungen durch die Abhängigkeit von Schallplatten, die schwierig zu bearbeiten waren und mäßige Klangqualität boten, eingeschränkt. Die Einführung der Tonbandtechnik 1947 vereinfachte den Tonschnitt, verbesserte die Ausstrahlungsqualität und erweiterte die Möglichkeiten der Vorabaufzeichnung von Radiosendungen.

Adolf und Bing

Der Diktator Adolf Hitler (1889–1945) und der Sänger, Schauspieler und Entertainer Bing Crosby (1903–1977) werden üblicherweise nicht miteinander in Verbindung gebracht. Beide trugen jedoch auf ihre Weise zu den Umwälzungen im Bereich der Tonaufzeichnung und -ausstrahlung nach dem Zweiten Weltkrieg bei. In den letzten Kriegsjahren war Jack Mullin, ein junger, in England stationierter Offizier im U.S. Army Signal Corps, an der Vorbereitung für die Landung der alliierten Truppen beteiligt. Da er bis spät in die Nacht arbeitete, hörte er die qualitativ hochwertigen deutschen Musiksendungen, die, wie er feststellte, viel besser waren als alle vorab aufgezeichneten Musiksendungen in den USA oder Großbritannien. Nach dem Sieg der Alliierten sollte er in Frankreich und Deutschland das hochgeheime elektronische Equipment des deutschen Militärs untersuchen. Zufällig stolperte er in einer Radiostation in der Nähe von Frankfurt über ein deutsches Magnetophon, ein HiFi-Tonbandgerät, das mit einer frühen Version des Magnetbands arbeitete. Mullin erkannte das Potenzial des Geräts und erwarb zwei für die amerikanische Regierung und zwei weitere für sich selbst, die er zerlegte und nach San Francisco verschickte.

Die Drucktasten, die heute bei Unterhaltungsgeräten üblich sind, waren 1948 revolutionär.

Nachdem Mullin seine beiden Magnetophone wieder zusammengebaut und verbessert hatte, begann er 1946 mit Vorführungen. 1947 stellte er sie Bing Crosby vor, seinerzeit der populärste Rundfunk- und Filmstar. Crosby, der den Druck von Live-Sendungen, auf denen die Rundfunkanstalten beharrten, weil die Aufzeichnungsqualität der Platten so schlecht war, verabscheute, hatte sich zeitweilig von der Arbeit für das Radio zurückgezogen. Beeindruckt von Mullins Tonbandgerät, stellte Crosby ihn an, um seine Shows für die Spielzeit 1947–1948 aufzuzeichnen und zu schneiden. Er investierte später $ 50 000 für die Weiterentwicklung von Mullins Prototypen zum ersten in Amerika gebauten Tonbandgerät, dem Modell 200/200A von Ampex. Mullin behielt die beiden ersten Exemplare, 12 weitere gingen 1948 bei den ABC-Studios in Betrieb.

TONBANDGERÄTE

- **1886** Wachsstreifenaufnahmegerät
- **1898** Telegraphon
- **1930** Blattnerphone
- **1935** Magnetophon
- **1948** Ampex 200A

AUFBAU DES ...

MODELL 200A VON AMPEX

ENTSCHEIDENDES MERKMAL: MAGNETBAND

Laut Mullin war das wichtigste an dem neuen Gerät das Magnetband, das Künstlern und Sendern die Freiheit gab, Material vor der Ausstrahlung aufzuzeichnen und zu schneiden. Er beschrieb, wie er durch Versuch und Irrtum Bandschneidetechniken entwickelte, als er die erste Saison der Bing-Crosby-Show für ABC aufzeichnete. In einem Fall schnitt er Lacher in die Aufnahme einer Show, bei der es nicht viele Lacher gegeben hatte, und schuf auf diese Weise den ersten «Lach-Track». Bei der Vorstellung des Magnetphons griff Mullin auf das Eisenoxidband von BASF aus Kriegszeiten zurück, Modell 200A arbeitete ab 1948 aber mit dem in Amerika hergestellten Azetatband von 3M Scotch.

Magnetband

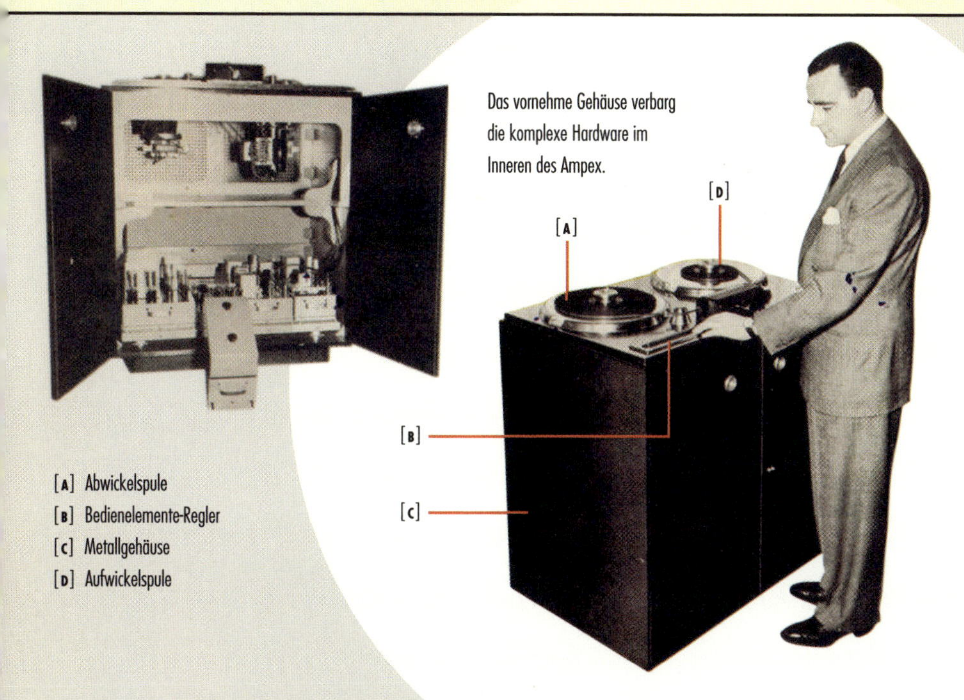

Das vornehme Gehäuse verbarg die komplexe Hardware im Inneren des Ampex.

[A] Abwickelspule
[B] Bedienelemente-Regler
[C] Metallgehäuse
[D] Aufwickelspule

«In Deutschland konnte Hitler alles haben, was er wollte. Wenn er wollte, dass ein ganzes Sinfonieorchester die ganze Nacht über spielte, wurde dieser Wunsch erfüllt. Aber selbst bei einem Verrückten schien es unwahrscheinlich, dass er Nacht für Nacht auf Live-Konzerten besteht. Es musste also eine andere Antwort geben und darauf war ich gespannt.» J. T. Mullin

Obwohl als tragbar beschrieben, wäre «transportabel» die bessere Bezeichnung gewesen für Modell 200A. Es hatte bereits alle Eigenschaften wirklich tragbarer Tonbandgeräte (1951 von Philips vorgestellt) und späterer Kassettentonbandgeräte. Anders als das kompliziert wirkende Magnetophon, auf dem es aufbaute, hatte Modell 200A ein schlichtes, reduziertes Design mit einem Bedienpanel mit fünf beleuchteten transparenten Druckschaltern: Start, Stopp, Zurückspulen, schnelles Vorspulen und Aufnahme. Das 6,3 mm breite 35-Minuten-Band befand sich auf der Abwickelspule, wurde um die Spannrolle gelegt, hinter den drei Bandköpfen (Löschen, Aufnehmen, Abspielen) und der Antriebsrolle entlang geführt und auf die Aufwickelspule gewickelt. Das Gerät hatte eine automatische Abschaltung am Aufnahmeende sowie eine optionale Rückspulfunktion mit doppelter Geschwindigkeit.

Das deutsche AEG-Magnetophon aus der Zeit des Zweiten Weltkriegs.

36

Entwickler:

Ronald Bishop

DE HAVILLAND DH106 COMET

Hersteller:

de Havilland

Industrie

Landwirtschaft

Medien

Verkehr

Wissenschaft

Computer

Energie

Haushalt

1949

Während des Zweiten Weltkriegs als Geheimwaffen entwickelt, traten Düsenflugzeuge nach dem Krieg ihren Siegeszug an. Das erste Passagierdüsenflugzeug, de Havilland D106 Comet, revolutionierte Flugreisen, als es 1952 in Dienst gestellt wurde. Jedoch hatte die innovative Konstruktion fatale Fehler, was zu einigen prominenten Unfällen führte, worauf die amerikanischen Konkurrenten die Führung im Bau von Düsenflugzeugen übernehmen konnten.

Technische Höhen und Tiefen

Die Briten sind für ihre technischen Innovationen bekannt. Während der ersten industriellen Revolution war Großbritannien in Wissenschaft und Technik führend und dementsprechend für den größten Teil des 19. Jahrhunderts die wirtschaftliche, militärische und politische Supermacht der Welt. Ab Mitte des 20. Jahrhunderts gelang es britischen Firmen nicht mehr, Kapital aus den nach wie vor herausragenden Innovationen britischer Ingenieure zu schlagen, weshalb den Wettbewerbern in Übersee Preis, Geld und Ruhm zufielen.

Ein typisches Beispiel war die Entwicklung des ersten kommerziellen Düsenflugzeugs, der DH106 Comet, die 1952 bei BOAC, Vorläufer der heutigen British Airways, in Dienst gestellt wurde. Trotz des anfänglichen Erfolgs des Flugzeugs musste die gesamte Comet-Flotte zwei Jahre später nach einer Reihe desaströser Unfälle auf dem Boden bleiben. Die Unfälle führten zwar nicht zur Einstellung des Passagiertransports mit Düsenflugzeugen. Sie ermöglichten es aber den Wettbewerbern der Briten, speziell Boeing, MacDonnell Douglas und Lockheed, die technologische und wirtschaftliche Initiative zu ergreifen und den Düsenflugzeugmarkt für die nächsten fünf Jahrzehnte zu dominieren. Die Comet ist ein Lehrbeispiel dafür, dass nicht alle großen technologischen Innovationen zu wirtschaftlichem Erfolg führen.

DÜSENFLUGZEUGE

Heinkel He 178	**1939**
Caproni Campini N1	**1940**
Gloster Whittle	**1941**
Messerschmitt Me 262	**1942**
Gloster Meteor	**1943**
Lockheed P-80	**1944**
de Havilland Vampire	**1945**
Viking VC1	**1948**
DH106 Comet	**1949**

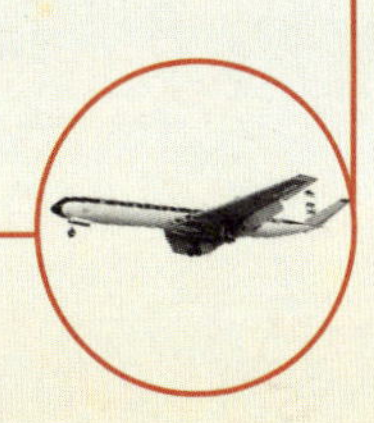

Die Comet, von Ronald Bishop (1903–1989) entwickelt, war ein kühnes technisches Wagnis, das mit dem Düsentriebwerk auf eine neue und relativ wenig getestete Antriebstechnik setzte. Das allererste Düsenflugzeug war weniger als ein Jahrzehnt vorher entwickelt worden, während des Zweiten Weltkriegs, als sowohl die Alliierten als auch die Achsenmächte Düsenkampfflugzeuge und -bomber gebaut hatten. Die Entscheidung der britischen Regierung, das Projekt des ersten zivilen Düsenflugzeugs zu unterstützen, war nicht nur ungewöhnlich weitsichtig, sondern auch äußerst mutig.

Unfälle

Die Comet war zwar das am gründlichsten getestete Flugzeug, das bis dahin gebaut worden war, trotzdem kam es bereits in den ersten sechs Monaten nach Indienststellung zu einem Unglück: Ein BOAC-Flug schoss in Rom über das Rollfeld hinaus, zwei Passagiere wurden verletzt. Weitere Unfälle folgten. Manche wurden durch Fehler der Besatzungen verursacht, die das Fliegen mit Propellerflugzeugen gewohnt waren, andere durch schlechtes Wetter. Allerdings zerbrachen zwischen Januar 1953 und April 1954 vier Maschinen in der Luft; sämtliche Insassen starben bei diesen Unfällen. Die gesamte Flotte wurde daraufhin stillgelegt, die geborgenen Wracks minuziös untersucht. Dass die Comet am Boden bleiben musste, galt als nationale Katastrophe. Der britische Premierminister Sir Winston Churchill (1874–1965) schrieb: «Bei der Lösung des Comet-Rätsels darf weder an Geld noch an Menschenkraft gespart werden.»

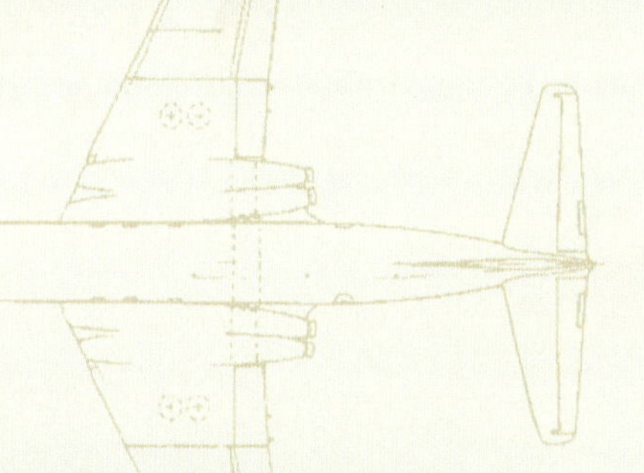

Das Comet-Cockpit sieht vielleicht primitiv aus, entsprach 1949 aber dem Stand der Technik.

Die großen quadratischen Panoramafenster schwächten den Rumpf entscheidend.

«Die großartigste Leistung von de Havilland in den Nachkriegsjahren war zweifellos die atemberaubende DH106 Comet [...]. Auch wenn sie eine ansonsten meisterliche Konstruktion war, fiel sie dem Mangel an Erfahrung beim Bau großer Flugzeuge mit Druckkabinen zum Opfer und es traten Ermüdungserscheinungen auf, die zu Abstürzen führten.»

W. Boyne: *Air Warfare* (2002)

Der Untersuchungsausschuss kam zu dem Schluss, dass die Abstürze durch übermäßige Belastung des Rumpfs verursacht worden waren, insbesondere um die charakteristischen großen quadratischen Fenster. Die erste Comet-Generation wurde aus dem Verkehr gezogen und verschrottet. 1958 kam eine von Grund auf neu konstruierte größere Comet 4 – sowohl für militärische als auch für zivile Nutzung – auf den Markt. Das letzte Passagiermodell wurde 1997 außer Dienst gestellt, das letzte Militärmodell bei der britischen Royal Air Force 2011.

Zwar kehrte die Comet mit verstärktem Rumpf und kleineren runden Fenstern in den Dienst zurück, der Schaden für das Flugzeug und Großbritanniens Ruf für technologische Exzellenz blieb aber bestehen. Die britische Flugzeugindustrie sollte nie wieder ihre amerikanischen Wettbewerber herausfordern. Zu den am längsten überdauernden Hinterlassenschaften der Comet-Tragödie gehören die Anbringung der Triebwerke unter den Tragflügeln und die kleinen Fensterluken.

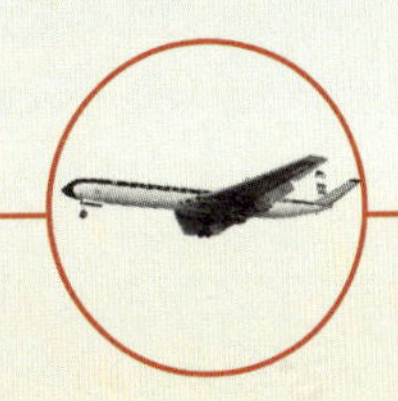

«Bei der Lösung des Comet-Rätsels darf weder an Geld noch an Menschenkraft gespart werden.»

WINSTON CHURCHILL (1874–1965)

Reisen mit Stil

Eine Comet sähe auf dem Rollfeld unter den modernen Passagierjets nicht deplatziert aus, denn sie setzte für die folgenden Jahrzehnte den Standard für das Design von Flugzeugen und war allen ihren propellergetriebenen Vorgängern und Rivalen weit überlegen. Passagiere eines der heutigen Mittelstreckenflugzeuge mit ihren beengten Sitzen, engen Gängen und wackligen Klappen wären neidisch auf die Innenraumgestaltung und den Komfort der Comet.

Die Comet war etwas so groß wie die Boeing 737 und der Airbus 320, aber diese aktuellen Flugzeuge wurden für den Massentransport in der Luft geplant und transportieren mehr als 100 Passagiere. Die ursprüngliche Comet sah 11 Reihen von Doppelsitzen vor, getrennt durch einen breiten Gang. BOAC und Air France entschieden sich jedoch für eine großzügigere Kabinenausführung mit lediglich 36 Sitzen. In der Druckkabine war es viel ruhiger als in jedem Propellerflugzeug der Zeit. Es gab eine Bordküche – man aß mit Silberbesteck von Porzellantellern –, separate Toiletten für Frauen und Männer und die fatalen Panoramafenster. Zu den Sicherheitseinrichtungen gehörten Rettungsflöße, die in den Tragflächen lagerten, und Rettungswesten, die unter jedem Sitz verstaut waren.

AUFBAU DER ...

DH106 COMET

WICHTIGSTES MERKMAL:

DIE «GHOST MK1»-STRAHLTRIEBWERKE

Anders als bei späteren großen Passagierflugzeugen üblich, waren die vier «Ghost 50 Mk1»-Strahltriebwerke paarweise in die Tragflächenwurzeln integriert. Die Entwickler wählten diese Anordnung, da sie im Vergleich zur Position der Triebwerke unter den Flügeln oder am Rumpf den Zug erheblich reduzierte und damit das Flugzeug schneller und treibstoffeffizienter machte. Diese Triebwerksposition reduzierte auch das Risiko einer Kollision mit Fremdobjekten – ein großes Problem bei Turbinentriebwerken – und erleichterte deren Wartung. Sie erhöhte jedoch das Risiko einer Katastrophe, falls ein Triebwerk Feuer fing oder im Flug explodierte.

Die Stromlinienform der Comet ist Flugpassagieren des 21. Jahrhunderts sehr vertraut, erschien 1952 aber revolutionär und futuristisch. Das Flugzeug hat einen geräumigen röhrenförmigen Rumpf von 29 m Länge, davor ein konisches Cockpit für die vierköpfige Besatzung, v-förmige nach hinten gerichtete Tragflächen mit einer Spannweite von 35 m, Heck- und Seitenruder und ein am Rumpf befestigtes Höhenleitwerk. Die Passagiertür lag hinten. Alles war getan worden, um Gewicht und Luftwiderstand des Flugzeugs zu minimieren. Die Außenhaut bestand aus einer neuen Leichtgewichtsaluminiumlegierung. Die vier Triebwerke waren in Rumpfnähe in die Tragflächen integriert, die Treibstofftanks in den Flügeln hatten eine Kapazität von 27300 l. Die Höchstgeschwindigkeit betrug 724 km pro Stunde, was die Flugzeit über den Atlantik halbierte; wegen der begrenzten Reichweite von 2414 km kam dieser Vorteil durch die Notwendigkeit mehrerer Tankzwischenstopps allerdings nicht zum Tragen.

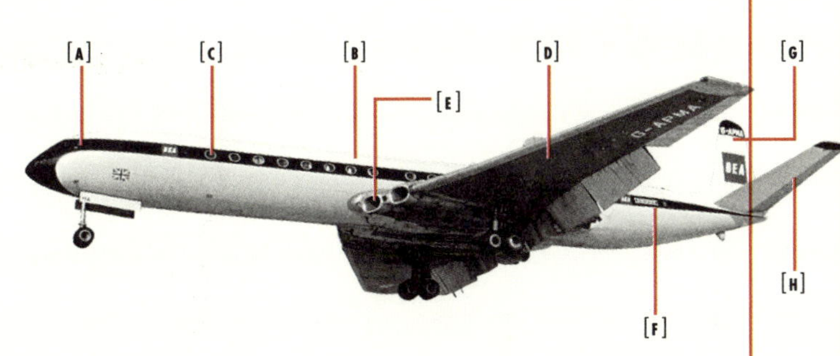

[A] Cockpit
[B] Kabine (36–44 Sitze)
[C] quadratische Fenster
[D] Tragflächen und Treibstofftanks
[E] «Ghost MK1»-Triebwerke
[F] Tür für Passagiere
[G] Heck- und Seitenruder
[H] Höhenleitwerk

37

Entwickler:
Mervyn Richardson

RASENMÄHER «VICTA ROTOMO»

Hersteller:
Victa Mowers Pty. Ltd.

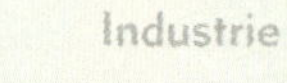

Industrie
Landwirtschaft
Medien
Verkehr
Wissenschaft
Computer
Energie
Haushalt

1954

Bisher haben wir uns mit Haushaltsgeräten befasst, die den Frauen das Leben erleichterten. Mit dem «Victa Rotomo» wenden wir uns jetzt einer australischen Erfindung zu, die Männern zugutekam: Sie mussten den Rasen am Wochenende nicht mehr von Hand mähen.

Eine Blechdose als Tank

Sie mögen sich fragen, warum ich den ersten Leichtgewichts-Sichelmäher für den Hausgebrauch in die Liste der 50 Maschinen, die die Welt veränderten, aufgenommen habe. Nicht alle ausgewählten Maschinen müssen weltbewegend sein wie das Modell T von Ford oder die V2-Rakete. Es ist auch Platz für Erfindungen, die die Welt subtiler und sanfter veränderten. Der «Victa-Rotomo» steht für ein bedeutendes soziales Phänomen der Nachkriegszeit: die Wanderung von Mittelklassefamilien aus den Stadtzentren in die Vorstädte. Passenderweise wurde der erste Victa-Rasenmäher in der Garage eines australischen Vorstadthauses gebaut.

Mervyn Richardson (1893–1972) machte sein erstes Vermögen in den 1920er-Jahren mit dem Bau und dem Verkauf von Autos, verlor es allerdings in der Weltwirtschaftskrise. 1941 hatte er sich wieder nach oben gekämpft, arbeitete als Technikverkäufer und baute in Concord, einer Vorstadt von Sydney in Australien, ein Haus. Wie jedes Vorstadthaus hatte es einen Garten. Jedoch waren die Haushaltsrasenmäher der späten 1940er-Jahre schwer, sperrig und ineffizient.

«Richardson stellte fest, dass die existierenden Rasenmäher schwer, klobig, treibstoff- und energieineffizient waren, weder hohes Gras schneiden noch bis an Zäune mähen konnten und schwierig zu bedienen waren.»

E. Genocchio: Breakthrough for Lawn Mowing (2009)

Der neue Leichtgewichtsmäher eroberte das suburbane Australien und dann die Welt im Sturm.

Richardsons Interesse für Mäher wurde geweckt, als sein Sohn eine Firma gründete, um in den Semesterferien mit Rasenmähen Geld zu verdienen. Er entwarf und baute ein paar Modelle, um dem Sohn zu helfen, bastelte aber auch nach dessen Studienabschluss in der Freizeit weiter an Mähern herum. 1952 zeigte er seiner Familie den Prototyp eines «Victa» (nach seinem zweiten Vornamen Viktor), eines motorisierten Sichelmähers, mit einem seitlich angebrachten Villiers-Zweitakt-Benzinmotor, der einen Rotor antrieb, und einer Blechdose als Tank. Der behelfsmäßige Mäher übertraf alles, was zu dieser Zeit verfügbar war. Er war leicht und schnitt das Gras perfekt.

AUFBAU DES ...

RASENMÄHERS «VICTA ROTOMO»

[A] Gashebel und Griff aus Stahl
[B] Tank
[C] Ventilator
[D] Motor (Villiers 98 cc)
[E] Blechräder
[F] Stahlabdeckung für das Rotorblatt

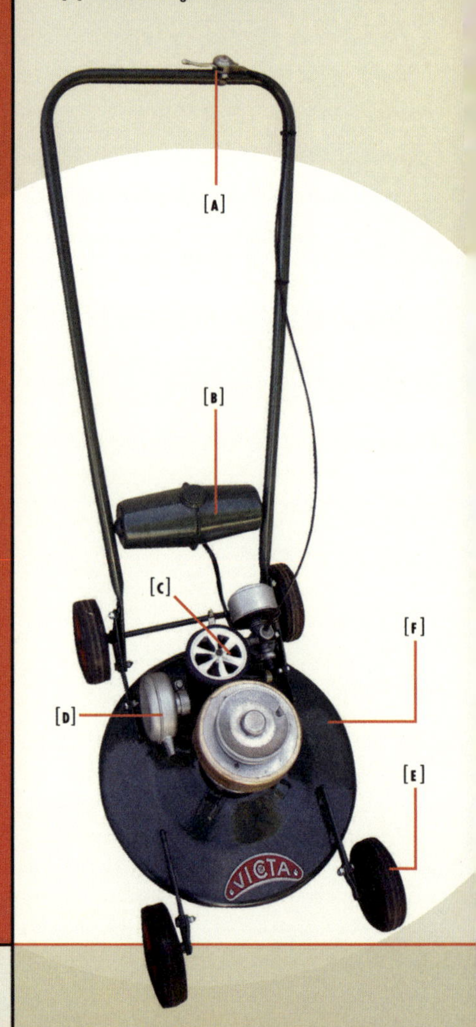

Blechräder mit Gummireifen für Leichtlauf auf dem Rasen.

Der Zweitakt-Benzinmotor war klein, leicht und kräftig.

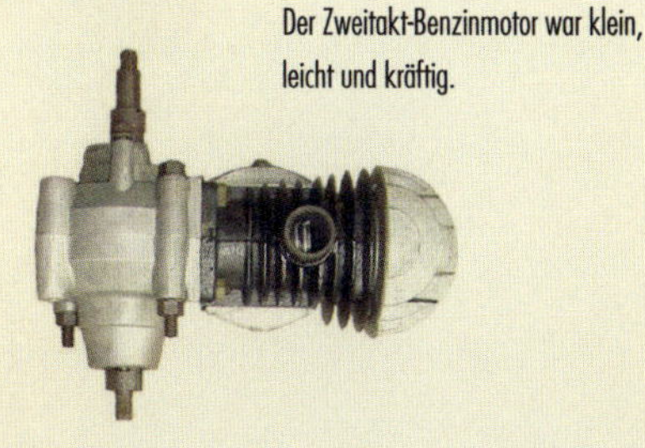

Ein klassischer «Victa Rotomo» vor der Restaurierung.

Richardson baute seine Mäher zunächst in der Garage und schaltete Anzeigen in der Lokalzeitung, mit denen er Vorführungen ankündigte. Die Resonanz war überwältigend: An den Vorführtagen waren die Straßen von Concord verstopft von Autos von Ehemännern und Vätern, die ihre Wochenenden nicht mit der Rasenpflege verbringen wollten. Innerhalb eines Jahres war die Nachfrage so groß, dass Richardson kündigte und in Vollzeit den neuen Mäher produzierte. 1958 eröffnete Victa Mowers Pty. Ltd. ihre erste Fabrik in Milperra mit einer Jahresproduktion von 143 000 Mähern für den Verkauf in 28 Ländern. Das hier abgebildete Modell stammt von 1954 und ähnelt immer noch dem Prototyp, auch wenn es jetzt aus Sonderteilen bestand. Griff, Rahmen und Grundplatte bestehen aus Stahl. Die vier Blechräder sind mit Gummi bereift, weshalb der Mäher mit fast jedem Gelände zurechtkommt. Ein Zweitaktmotor, Villiers 98 cc, trieb den «Rotomo» an, der Kraftstofftank war außerhalb der Gefahrenzone am Griff befestigt. Ein Ventilator diente zur Kühlung und verhinderte Überhitzung und Abwürgen des Motors. Das Mähwerk bestand aus rotierenden Schwenkmessern.

ENTSCHEIDENDES MERKMAL:

DAS SCHWENKMESSER

Der «Victa Rotomo» war mit Schwenkmessern ausgestattet, diese wichen dem Hindernis aus, wenn der Mäher einen Stein überfuhr. Das sicherte einen verlässlicheren, konstanten Schnitt und verhinderte Schäden an Messern und Gerät. Auch die Vibrationen, die sich auf den Griff übertrugen, wurden reduziert, was die Arbeit deutlich angenehmer machte.

Die Schwenkmesser machten das Mähen angenehmer.

38

Entwickler:
UKAEA

MAGNOX-KERNREAKTOR

Industrie

Landwirtschaft

Medien

Verkehr

Wissenschaft

Computer

Energie

Haushalt

Hersteller:
UKAEA

1956

Als der erste Magnox-Kernreaktor in Calder Hall in England Strom zu produzieren begann, setzte man große Hoffnungen auf die Atomkraft. Aber nach etlichen aufsehenerregenden Unfällen, zuletzt 2011 im japanischen Fukushima, wurde die Atomenergie in der entwickelten Welt von vielen infrage gestellt. Jedoch haben in den letzten Jahren ständig steigende Ölpreise und ausbleibende Fortschritte im Bereich der Nutzung erneuerbarer Energien manche Regierungen dazu veranlasst, ihre Entscheidung zu überdenken, Atomenergieprogramme zurückzufahren oder zu beenden.

Der Beginn des «Atomzeitalters»

Das Jahrzehnt nach dem Ende des Zweiten Weltkriegs ist von größten Kontrasten geprägt. Zum ersten Mal in der Geschichte hatte die Welt einen totalen Krieg erlebt, in dem die Alliierten – die USA, Großbritannien und die UdSSR – gegen die Achsenmächte – Deutschland, Italien und Japan – kämpften. Die zeitgenössischen Wochenschauen zeigen die Wellen der Begeisterung, die 1945 die Hauptstädte der Welt nach dem Sieg in Europa am 8. Mai und im Pazifik am 18. August erfassten. Der Krieg hatte jedoch rund 60 Millionen Menschen das Leben gekostet, darunter 150 000 bis 250 000 durch die Atombombenabwürfe in Japan am 6. und 8. August. Die Zerstörungen in Hiroshima und Nagasaki, mit denen das Atomzeitalter begonnen hatte, ließen einen schrecklichen Ausgang eines Dritten Weltkriegs befürchten – nachdem die Sowjetunion 1949 ihre eigene Atombombe getestet hatte und die fragile Allianz zwischen den USA und der UdSSR dem Kalten Krieg gewichen war.

Zur selben Zeit, als die Weltmächte ihre Arsenale Atomwaffen tragender Bomber, atomgetriebener U-Boote und ballistischer Raketen entwickelten, wandten sie sich auch der zivilen Nutzung der Atomkraft zu. 1953 beschwor der amerikanische Präsident Eisenhower (1890–1969) in seiner Rede «Atome für den Frieden» vor der Generalversammlung der Vereinten Nationen die «Entschlossenheit» seines Landes, «zur Lösung des furchtbaren atomaren Dilemmas beizutragen». Albert Einstein (1879–1955) und Robert J. Oppenheimer (1904–1967), die die USA ermutigt hatten, die Bombe vor den Deutschen zu entwickelten, forderten nun lautstark, aber vergeblich, den Geist zurück in die Flasche zu stopfen. Aber andere sahen in der Atomenergie eine nahezu unerschöpfliche Quelle sauberen und billigen Stroms. In dieser verworrenen Lage ging 1956 das erste kommerzielle Atomkraftwerk ans Netz, in Calder Hall, einem Dorf in der Nähe von Sellafield in Nordwestengland.

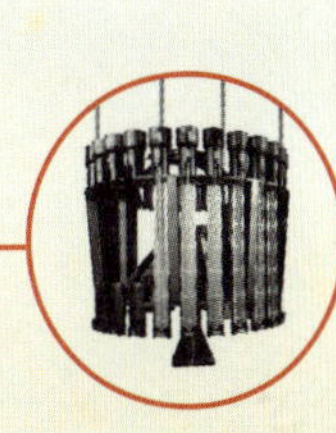

Atomspaltung

Die Vorstellung, dass Materie aus Grundbausteinen, den Atomen, besteht, geht wie vieles andere auf die alten Griechen zurück, aber erst die Entdeckung chemischer Elemente im 18. Jahrhundert ebnete den Weg für ein modernes Verständnis der Materie. Es sollte ein weiteres Jahrhundert vergehen, bis Physiker entdeckten, dass Atome aus noch kleineren Teilchen aufgebaut sind. In den ersten Jahrzehnten des 20. Jahrhunderts erkannte man, dass der Kern aus Protonen und Neutronen besteht. Wissenschaftler warfen dann die faszinierende Frage auf, was geschehen würde, wenn man Atomkerne spalten könnte. Obwohl Einstein 1905 in seiner weltberühmten Gleichung $E = mc^2$ gezeigt hatte, dass «sehr kleine Beträge von Masse in einen großen Betrag von Energie und umgekehrt verwandelt werden können», beteuerte er noch 1932: «Es gibt nicht das geringste Anzeichen dafür, dass Nuklearenergie jemals zur Verfügung stehen wird. Das würde bedeuten, dass man die Atome beliebig spalten kann.»

Abbildung des Magnox-Reaktors in Calder Hall, der eine leuchtende nukleare Zukunft versprach.

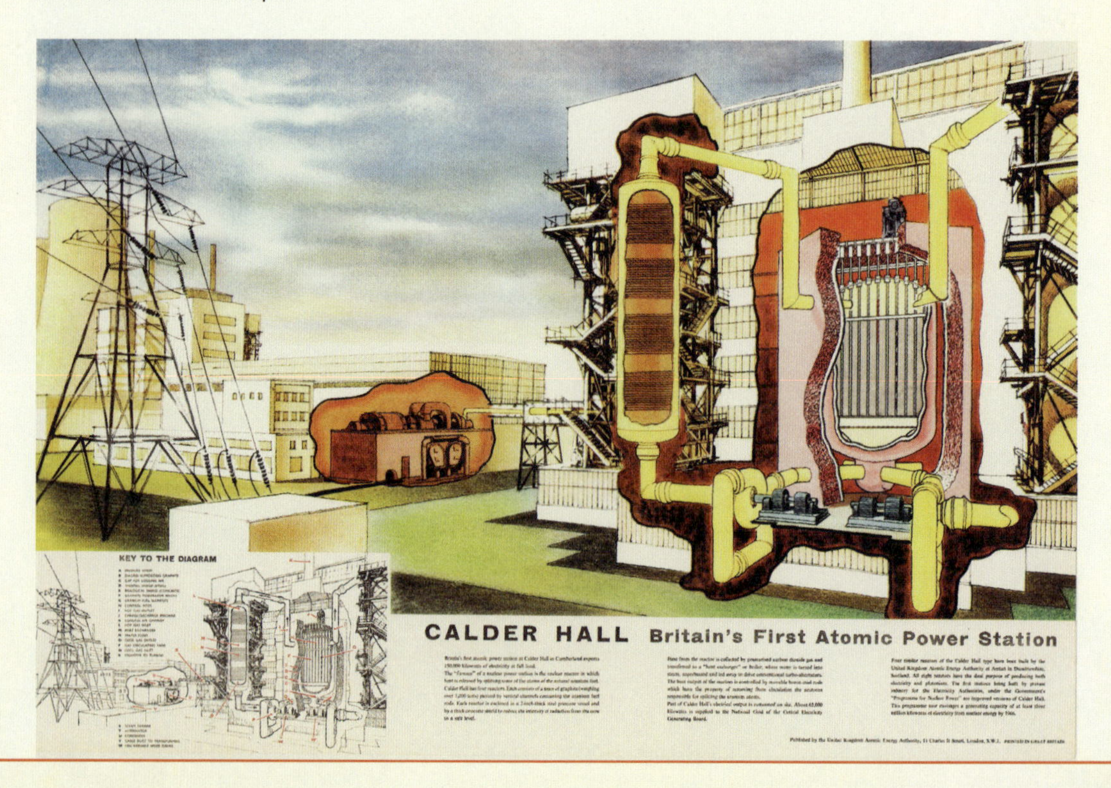

«Was diese schicksalsträchtigen Entscheidungen angeht, versichern die Vereinigten Staaten vor Ihnen – und damit vor der Welt – ihre Entschlossenheit, bei der Lösung des schrecklichen atomaren Dilemmas zu helfen – ihr Herz und ihren Verstand dafür einzusetzen, eine Möglichkeit zu finden, damit die wunderbare menschliche Erfindungsgabe nicht dem Tod gewidmet ist, sondern dem Leben.»

AUS DER REDE «ATOME FÜR DEN FRIEDEN» DES US-PRÄSIDENTEN DWIGHT D. EISENHOWER, 1953

Sechs Jahre später wurde Einstein umfassend widerlegt, als zwei deutsche Chemiker, Otto Hahn (1879–1968) und Friedrich Straßmann (1902–1980), ein Uranatom mit Neutronen beschossen und damit die Kernspaltung experimentell bestätigten. Andere Forscher fanden heraus, dass bei der Spaltung eines Uranatoms zwei bis drei Neutronen freigesetzt werden, die in einer sogenannten Kettenreaktion weitere Atome spalten können, bis das Uran erschöpft ist. Eine kontrollierte Kettenreaktion könnte, wie in einem Kernreaktor, zur Energiegewinnung genutzt werden, eine explosive Reaktion würde enorme Mengen an Licht, Hitze und kinetischer Energie freisetzen. Angesichts des bevorstehenden Kriegsausbruchs begann das Rennen um die Entwicklung von Reaktoren zur Anreicherung von waffenfähigem Uran für den Bau von Atombomben.

Friedliche Atomnutzung

Die ersten Atomreaktoren in den USA produzierten das Material für die ersten Atombomben, und die militärischen Erfordernisse trieben die Nuklearprogramme in den USA, England, Frankreich und der UdSSR im ersten Jahrzehnt des Atomzeitalters voran. Das erste experimentelle zivile Atomkraftwerk war der AM-1-Reaktor in Obninsk, 100 km südwestlich von Moskau, der ab 1954 Strom produzierte. Russland baute jedoch im folgenden Jahrzehnt keinen weiteren Reaktor. In den USA wurden in den 1950er-Jahren weitere militärische Anwendungen entwickelt, darunter die SS *Nautilus*, das erste U-Boot mit Nuklearantrieb, das 1955 vom Stapel lief.

KERNREAKTOREN

Chicago Pile-1 **1942**

Hanford-Reaktoren **1943**

EBR1 **1951**

Reaktor von Obninsk **1954**

Magnox-Reaktor **1956**

Teil des Kühlsystems des Atomkraftwerks in Sizewell in England

Im Oktober 1956 eröffnete Queen Elizabeth II das weltweit erste große kommerzielle Atomkraftwerk. Im Kraftwerk der UKAEA, der britischen Atomenergiebehörde, in Calder Hall arbeitete zunächst ein Magnox-Kerneaktor, der 60 MW lieferte, später 4 Reaktoren, die zusammen 200–400 MW produzierten. In den ersten acht Betriebsjahren produzierte der Reaktor No. 1 in Calder Hall sowohl Strom für das nationale Netz als auch Plutonium für das britische Atomwaffenprogramm. Insgesamt wurden in Großbritannien elf Magnox-Kerneaktoren gebaut, zwei weitere wurden nach Japan und Italien exportiert. Calder Hall wurde 2003 stillgelegt, nachdem es ohne größere Pannen 47 Jahre ununterbrochen gelaufen war.

AUFBAU DES …

MAGNOX-KERN-REAKTORS

WESENTLICHES MERKMAL: DIE MAGNOX-BRENNSTÄBE

Die Brennstäbe aus nicht angereichertem Uran waren mit Magnox umhüllt, einer Legierung aus Magnesium mit Aluminium und anderen Metallen. Der Name ist von «Magnesium non-oxidising» (nicht oxidierendes Magnesium) abgeleitet. Vorteil ist der geringe Einfangsquerschnitt für Neutronen, aber Magnox reduziert auch die thermische Effizienz des Reaktors, denn die Kerntemperatur ist limitiert. Außerdem reagiert die Legierung mit Wasser, sodass Magnox-Brennstäbe nicht längere Zeit in Wasser gelagert werden können.

Die dickbauchigen Kühltürme eines Atomkraftwerks.

Der Magnox-Reaktor war einfach konstruiert, was unter Sicherheitsaspekten von Vorteil war. Wie andere Kernreaktoren wurde er mit Uran betrieben, aber im Gegensatz zu späteren Modellen, bei denen angereichertes Uran (mit einem Uran-235-Anteil von 2–3 %) eingesetzt wurde, arbeitete er mit natürlichem Uran (mit einem Uran-235-Anteil von 0,7 %). Der Reaktorkern war in einen Sicherheitsbehälter aus Edelstahl oder Beton eingeschlossen. Ein Moderatorkern aus Graphit diente dazu, die Kernreaktion unter Kontrolle zu halten und die Neutronen abzubremsen. Kontrollstäbe aus Bor konnten eingeführt werden, um die Neutronen zu absorbieren und die Kettenreaktion zu unterbrechen. Die Verwendung von Natururan bedeutete einen häufigeren Brennelementwechsel, aber der Reaktor war so konstruiert, dass dieser ohne komplettes Herunterfahren erfolgen konnte. Sobald die Spaltungskettenreaktion begonnen hatte, erreichte der Kern extrem hohe Temperaturen. Der Reaktor musste gekühlt werden, um katastrophale Brände im Kern oder eine Kernschmelze zu verhindern. Im Magnox-Reaktor diente gasförmiges Kohlendioxid als Kühlmittel. Das heiße Gas übertrug in einem Wärmetauscher seine Wärme an Wasser, welches verdampfte. Der Dampf trieb die Turbinen an, die Strom produzierten.

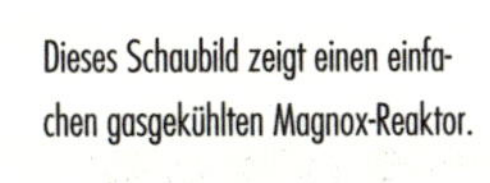

Dieses Schaubild zeigt einen einfachen gasgekühlten Magnox-Reaktor.

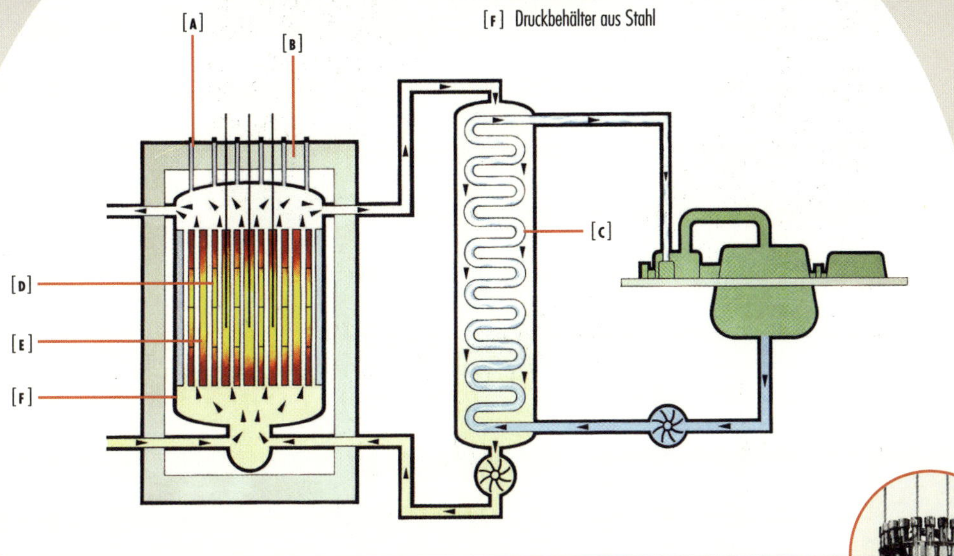

[A] Kontrollstäbe
[B] Abschirmung aus Beton
[C] Dampferzeuger
[D] Brennelemente
[E] Graphitmoderator
[F] Druckbehälter aus Stahl

39

Entwickler:

George **Devol**

UNIMATE 1900

Hersteller:

Unimation Inc.

Industrie

Landwirtschaft

Medien

Verkehr

Wissenschaft

Computer

Energie

Haushalt

1961

Die Einführung des Unimate-Industrieroboters in der Druckgussfabrik von General Motors in New Jersey (USA) markiert den Beginn industrieller Automation im großen Stil. Der Unimate ist zwar von den Büchern Isaac Asimovs inspiriert, hat aber nichts mit dem laufenden und sprechenden menschenähnlichen Roboter aus der Sciencefiction-Literatur zu tun.

Ich, Unimate

1966 hatte Johnny Carson (1925–2005) einen besonderen Gast in der *Tonight Show*: einen Unimate-Roboter der Baureihe 1900. Zur Freude und Belustigung von Carson, seines Teams und des Studiopublikums und zweifellos zur beträchtlichen Erleichterung seiner Bediener schlug der Roboter erfolgreich einen Golfball, öffnete eine Bierdose und goss den Inhalt in einen Krug und dirigierte die Showband. Zugegebenermaßen wurde etwas geschummelt: Das Bier beispielsweise musste teilweise gefroren sein, da der «Hand» von Unimate die Sensibilität fehlte, die Dose nicht zu zerquetschen und den Inhalt im Studio zu verspritzen, und das «Dirigieren» wirkte ziemlich hölzern. Nichtsdestotrotz war der Auftritt (online verfügbar) ein Marketing-Coup für den Hersteller Unimation, dessen Gründer, den Erfinder Devol (1912–2011), und dessen Präsidenten Joseph Engelberger (geboren 1925).

«1961 bekamen wir die Gelegenheit, unsere Erfindung in der Druckgussfabrik von General Motors zu testen […]. Wir waren besorgt, wie die Bediener der Druckgießmaschinen auf diesen Arbeitskräfteersatz reagieren würden. Tatsächlich waren sie sich darüber einig, unsere Maschine sei eine Kuriosität, die zum Scheitern verurteilt sei.»

G. Munson, «The Rise and Fall of Unimation Inc.» in *Robot* (2010)

ROBOTER

Televox **1926**

Gakutensoku **1928**

Elektro **1937**

Elmer und Elsie **1948**

Unimate **1961**

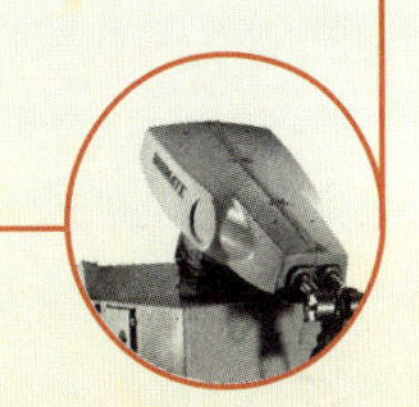

1961 installierte Unimation den weltweit ersten Industrieroboter in der General-Motors-Fabrik in Ewing Township im US-Bundesstaat New Jersey. Devol und Engelberger waren zunächst besorgt, dass die Arbeiter den Roboter ablehnen und versuchen würden, seine Einführung zu blockieren. Anders als die Textilarbeiter im 19. Jahrhundert, die mechanisierte Webstühle zerstörten, sah die Belegschaft von GM eine potenzielle Roboterkonkurrenz gelassen; sie waren sich sicher, dass der Unimate zum Scheitern verurteilt war. Druckguss war eine ideale Wahl für die Automatisierung mit Robotern: Die Arbeit war schmutzig, gefährlich und monoton. Unimate 001 nahm glühend heiße Autoteile auf, die gerade gegossen worden waren, tauchte sie in Kühlmittel und brachte sie zum Fließband, ohne dass menschliches Eingreifen erforderlich gewesen wäre.

1969 sicherten zwei Entwicklungen die Zukunft von Unimation und etablierten Industrieroboter als Spitzenprodukt der industriellen Technologie: GM automatisierte seine Fabrik in Lordtown im US-Bundesstaat Ohio, die 110 Autos pro Stunde produzierte, doppelt so viel wie andere Fabriken. Und die japanische Firma Kawasaki lizensierte Ultimation-Technologie und begann, Industrieroboter zu produzieren und in Japan und Ostasien zu verkaufen.

Unimate-Roboter am Fließband in der Autoproduktion.

UNIMATE 1900

ENTSCHEIDENDES MERKMAL:
PROGRAMMIERBARKEIT

Engelberger demonstrierte die Programmierbarkeit des Unimate-Roboters 1966 in der *Tonight Show.* Mithilfe eines Controlpads gab er die Folge von Bewegungen ein, die der Roboter zu «lernen» und auszuführen hatte. In diesem Fall programmierte er den Roboter dazu, ein Orchester mit einem Taktstock zu dirigieren.

Programmieren des Unimate für eine neue Aufgabe mit dem Controlpad.

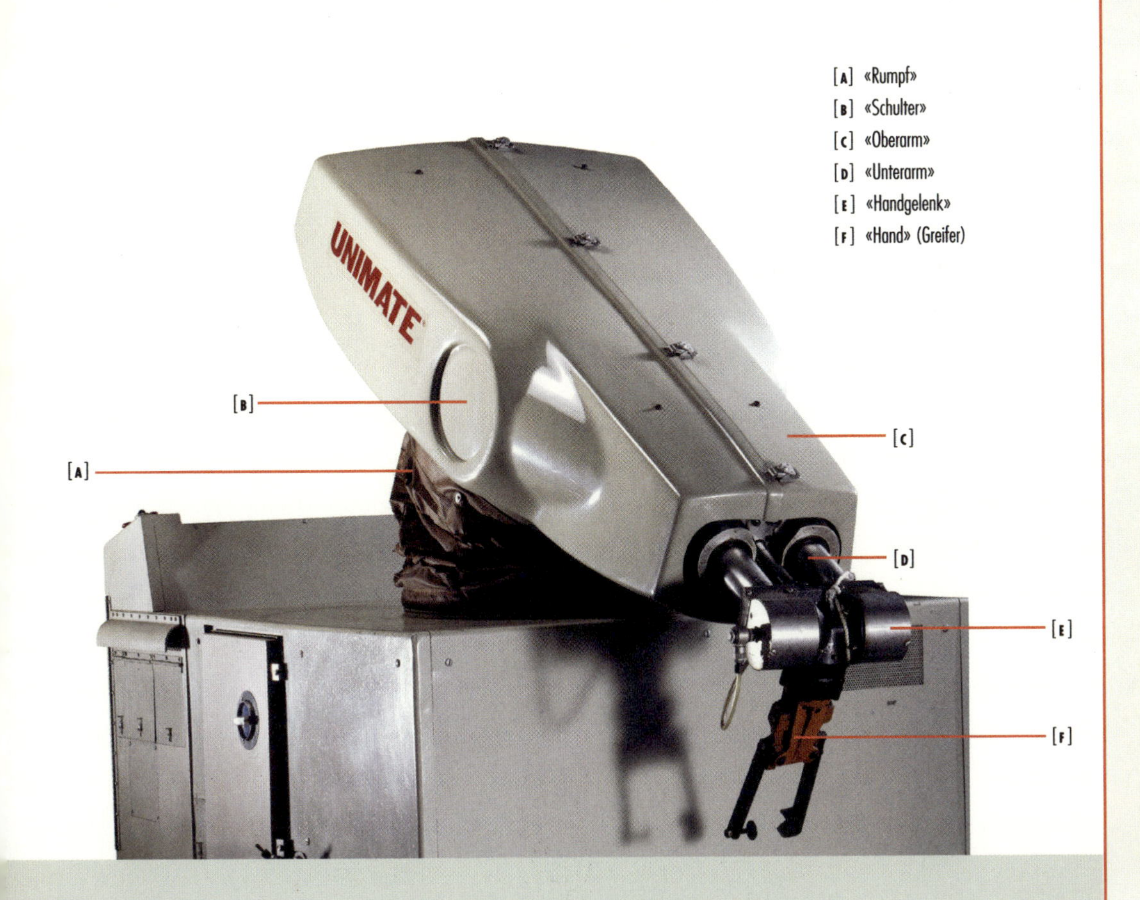

Humanoide Roboter wie Televox und Elektro waren bereits in den 1920er- und 1930er-Jahren gebaut worden, aber es handelte sich dabei mehr um Jahrmarktattraktionen als um arbeitende Industrieroboter. Der Unimate war im Wesentlichen ein programmierbarer gelenkiger Arm mit Schritt-für-Schritt-Befehlen, die auf einer Magnettrommel gespeichert waren. Für ihren Prototypen hatten sich Devol und sein Entwicklerteam für einen Hydraulikantrieb entschieden, der weichere Bewegungen ermöglichte als ein Elektromotor, aber die Hydraulik der Zeit war primitiv und leckte. Der Arm, der auf einem Ständer montiert war, konnte sich um seinen «Rumpf» drehen und an der «Schulter» auf und ab bewegen. Der «Oberarm» trug den verlängerbaren «Unterarm», hatte aber kein «Ellbogengelenk» wie spätere Modelle. Das «Handgelenk» drehte sich und konnte mit verschiedenartigen «Händen» oder Greifern ausgerüstet werden. Unimates Geschicklichkeit wurde erstmals 1961 auf einer Messe in Chicago öffentlich vorgeführt, wo er Buchstaben aufnehmen und einfache Sätze bilden sollte.

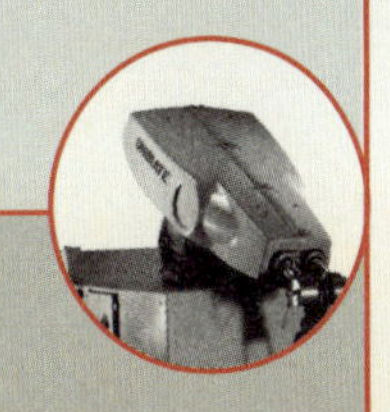

40

Entwickler:
Wernher von Braun

SATURN V-RAKETE

Industrie
Landwirtschaft
Medien
Verkehr
Wissenschaft
Computer
Energie
Haushalt

Hersteller:
NASA

1967

Wie wir in Kapitel 33 gesehen haben, bildete die deutsche V2 die Basis für die Weltraumprogramme der USA und der UdSSR. Innerhalb von 16 Jahren sollten sowohl Russen als auch Amerikaner einen Menschen ins All schicken. Getroffen durch frühe russische Erfolge, setzten sich die Amerikaner ein ehrgeiziges (und kostspieliges) Ziel: bis 1969 einen Menschen zum Mond zu schicken. Dafür brauchten sie die größte je gebaute Trägerrakete, die Saturn V.

Vergangenheit trifft Zukunft

Am 20. Dezember 1968 saß die Besatzung von *Apollo 8* am Abend vor ihrer Abreise beim Essen zusammen. Ihre Mission war nicht eine der sechs Mondlandungen zwischen 1969 und 1972, aber sie sollten als erste den Mond umrunden. Wir können nur mutmaßen, dass die Stimmung am Tisch an diesem Tag in Cape Kennedy im US-Bundesstaat Florida wohl ziemlich gespannt gewesen sein muss. Zwischen 1961 und 1968 hatte es viele Fehlschläge unbemannter Raketen gegeben, aber erstaunlicherweise nur einen Todesfall: den des sowjetischen Kosmonauten Vladimir Komarov (1927–1967). Normalerweise waren vor einer Mission wegen der Infektionsgefahr keine Gäste erlaubt, aber in diesem Fall war eine Ausnahme gemacht worden, vermutlich wegen der Bedeutung ihrer Mission und der Person des Besuchers. Der unerwartete Essensgast war Charles Lindberg (1902–1974), der erste, der allein Non-Stopp über den Atlantik flog. Lindbergs Atlantiküberquerung war vermutlich riskanter als die erste Mondumrundung. Während des Essens erzählte Lindberg der *Apollo*-Mannschaft von seiner Begegnung mit Robert Goddard (1882–1945), bei der der Vater der Raketentechnik Flüge zum Mond vorhergesagt hatte, die seiner Meinung nach bis $ 1 Mio. kosten würden. Die tatsächlichen Kosten des *Apollo*-Programms waren ein Vielfaches höher. Allein 1966 erreichte das NASA-Budget $ 4,5 Mrd. oder 0,5 % des seinerzeitigen amerikanischen Bruttosozialprodukts. Als sich das Essen dem Ende näherte, fragte Lindberg seine Gastgeber, wieviel Treibstoff sie für das Abheben brauchen würden. Einer aus der Mannschaft nannte 20 Tonnen/Sekunde. Der Flieger bemerkte dazu: «In der ersten Sekunde eures Flugs morgen werdet ihr zehnmal so viel Treibstoff verbrauchen wie ich für den gesamten Weg nach Paris.»

Sieg beim Wettlauf im All

Acht Jahre vor dem Abendessen mit Lindberg gab es noch kein *Apollo*-Programm – noch nicht einmal eine amerikanische Trägerrakete, die für einen unbemannten Probeflug zum Mond geeignet gewesen wäre. Alles, zu was die Amerikaner fähig zu sein schienen, war, den Sowjets hinterherzuhinken. Die Russen waren 1957 mit Sputnik 1 die ersten gewesen, die einen Satelliten in die Erdumlaufbahn brachten, und auf diesen Coup war die erste Umrundung der Erde durch Yuri Gagarin (1934–1968) an Bord der *Vostok 1* im April 1961 gefolgt. Ein äußerst gekränkter Präsident John F. Kennedy wandte sich einen Monat später an beide Häuser des Kongresses. Um den Stolz Amerikas wiederherzustellen, musste er Großes präsentieren, und er enttäuschte die Erwartungen nicht: Er kündigte an, dass die USA vor Ende des Jahrzehnts einen Menschen auf dem Mond landen lassen würden.

Das größte menschengemachte Objekt, das je in den Weltraum geschickt wurde, hebt vom Kennedy Space Center ab.

Der Mann, der die Vision des Präsidenten realisieren sollte, war der deutsche Raketentechniker Wernher von Braun (1912–1977), der die V2 entwickelt hatte. Aufgrund seiner Nazivergangenheit hatte man ihn zwischen 1945 und 1957 aus dem Rampenlicht verbannt, aber wegen der sowjetischen Erfolge im Weltraum und der wiederholten Fehlschläge der U.S. Navy mit Vanguard-Raketen wandte sich die Regierung an von Braun, der die Jupiterrakete für die Armee entwickelte. Nachdem man dank von Braun mit den Russen aufgeschlossen hatte, war die NASA bereit, sich auf das größte wissenschaftliche Abenteuer des 20. Jahrhundert einzulassen, das *Apollo*-Programm. 1960 wurde von Braun zum Leiter des Marshall Space Flight Center im US-Bundesstaat Alabama ernannt, wo das *Saturn*-Programm in Angriff genommen wurde. Nach Prüfung verschiedener Alternativen für die Mondmission, darunter ein mehrfach verwendbares Startgerät und der Zusammenbau des Raumfahrzeugs in der Erdumlaufbahn, entschied sich die NASA für eine Trägerrakete, die das Kommando und die Landefähre zum Mond bringen sollte: die Saturn V.

Wernher von Braun vor den riesigen S-1-C-Motoren der Saturn.

«Erstens glaube ich, dass die Nation sich selbst dazu verpflichten sollte, vor Ende des Jahrzehnts einen Menschen auf dem Mond landen und sicher auf die Erde zurückkehren zu lassen. Kein anderes Weltraumprojekt wird die Welt mehr beeindrucken oder größere Bedeutung für die längerfristige Erforschung des Alls haben. Und keines wird so schwierig oder so kostspielig sein.»

Präsident John F. Kennedy (1917–1963) im Mai 1961 in einer Rede vor dem US-Kongress

BEMANNTE RAUMFAHRZEUGE

Vostok 1 **1961**
Mercury **1961**
Mercury MA 6 **1962**
Vostok 6 **1963**
X-15 **1963**
Sojus 1 **1967**
Saturn V **1967**

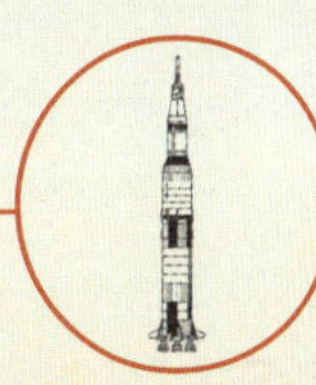

AUFBAU DER ...

SATURN V-RAKETE

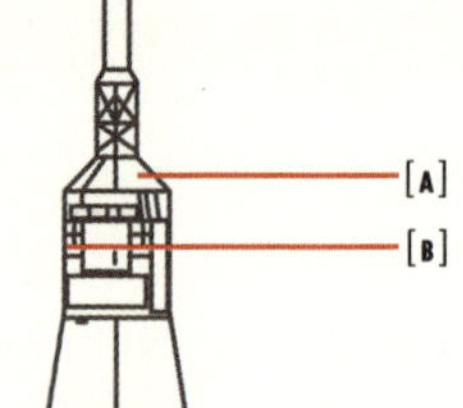

Die vier Stufen der Saturn V.

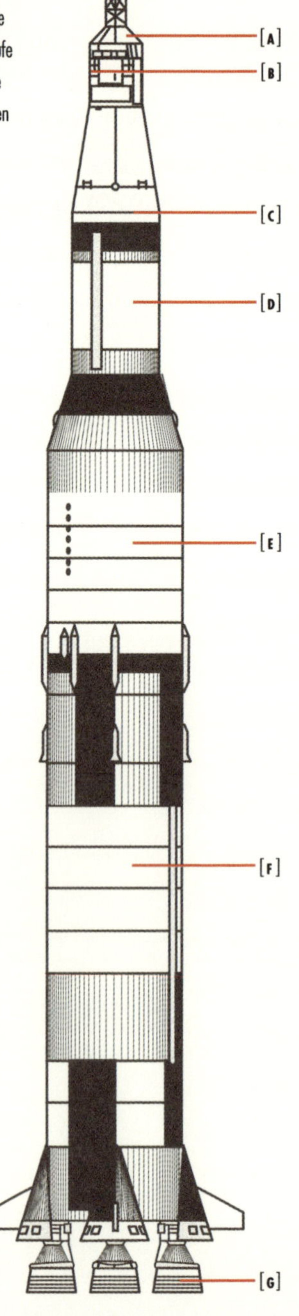

Die Fracht wird auf die oberste Stufe der Saturn V gehoben.

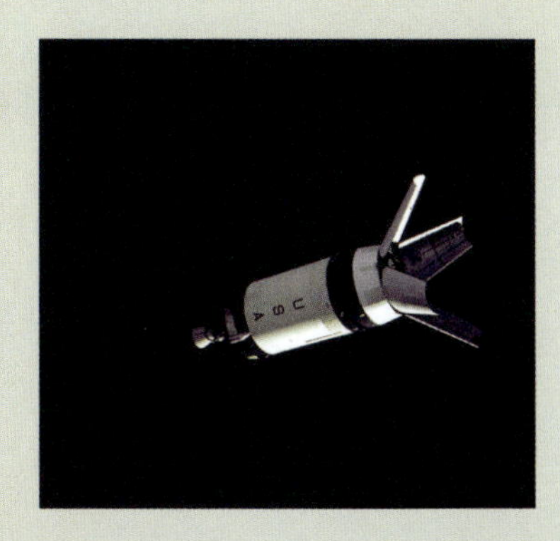

Die dritte Stufe der Saturn V beim Flug von Apollo 7.

Die Saturn V ist ein Gerät der Superlative. Beginnen wir mit einem für Laien verständlichen Vergleich: Der größte Düsenjet, der Airbus 380-800, ist 80 m lang und 7 m breit. Die Saturn ist mit Apollo-Kapsel 111 m hoch und hat einen Durchmesser von 10 m. Ein A-380 kann 519 Passagiere befördern, die Saturn eine 3-köpfige Mannschaft. Die maximale Reichweite des A-380 beträgt 15 400 km, 1/23 der Strecke zum Mond. Die Saturn bestand aus drei Stufen (S-IC, SII und S-IVB) mit jeweils eigenen Motoren der Instrumenteneinheit und der Fracht. Wie bei der V2 diente in allen drei Stufen flüssiger Sauerstoff als Oxidationsmittel. Für die erste Stufe wurde der in Amerika entwickelte Raketentreibstoff RP-1 verwendet, in den beiden anderen Stufen flüssiger Wasserstoff (LH_2). Die 5 F-1-Motoren der S-IC lieferten 34 Meganewton Schub und brachten die Rakete innerhalb von 168 Sekunden bis in 67 km Höhe; die 5 J-2-Motoren der S-II brachten mit 5,1 Meganewton Schub die Rakete durch die obere Atmosphäre; S-IVB hatte einen einzelnen J-2-Motor, der als einziger während einer Mondmission zweimal gezündet werden konnte. Die Instrumenteneinheit befand sich oberhalb der 3. Stufe und steuerte die Rakete vom Abheben bis zur Abtrennung der S-IVB.

WICHTIGSTES MERKMAL:

NUTZLAST

Auch wenn es oft heißt, «Es kommt nicht auf die Größe an», in der Raketentechnik ist das anders. Mit einer maximalen Nutzlast von 3 306 Tonnen für den Weg in die Erdumlaufbahn und von 41 Tonnen für die Reise zum Mond war die Saturn V die einzige Trägerrakete, die Apollo-Kapseln zum Mond transportieren konnte. 1973 brachte die letzte Saturn V die Raumstation Skylab in die Erdumlaufbahn.

Ansicht von Skylab

Saturn V erreicht beim Start eine gewaltige Beschleunigung.

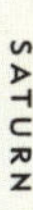

41

Entwickler:

Godfrey Hounsfield

CT-SCANNER VON EMI

Hersteller:

EMI

Industrie

Landwirtschaft

Medien

Verkehr

Wissenschaft

Computer

Energie

Haushalt

1971

Die Entdeckung der Röntgenstrahlen im späten 19. Jahrhundert revolutionierte die medizinische Diagnostik. Die Darstellungsmöglichkeiten waren jedoch eingeschränkt, was sich erst mit der Einführung der CT-Schichtaufnahme durch EMI 1971 änderte. Die folgende Entwicklung des CT-Scanners ermöglichte die dreidimensionale bildliche Darstellung der inneren Strukturen des menschlichen Körpers.

Die Beatles und der Gehirnscanner

Heute ist EMI in erster Linie als Tonträgerproduzent bekannt, von den 1940er- bis in die 1980er-Jahre hatte die Firma jedoch eine Elektronikabteilungen, die während des Kriegs Radaranlagen herstellte und nach dem Krieg Sendetechnik. 1958 baute EMI in Großbritannien unter Leitung von Godfrey Hounsfield (1919–2004) den ersten Computer mit Transistoren. Mit dem Geld im Rücken, das EMI nach der Vertragsunterzeichnung mit den Beatles 1962 machte, entwickelte Hounsfield ein revolutionäres neues medizinisches Bildgebungssystem, die Röntgencomputertomographie, heute meistens kurz «CT» genannt.

1967 besuchte Hounsfield die führende neurologische Einrichtung jener Tage in Großbritannien, das National Neurological Hospital in London, um den Bau eines neuartigen Röntgenstrahlscanners vorzuschlagen, der Schichtbilder von Gehirnen der Patienten liefert. Der Leiter der Neuroradiologie antwortete, die bekannten Techniken – Pneumoenzephalografie, Röntgentomografie und Angiografie – lieferten bereits die für die Diagnose erforderlichen Bilder, und er könne keinerlei Nutzen des neuartigen Geräts erkennen. In Wirklichkeit waren die Techniken, die er aufzählte, dem, was Hounsfield vorschlug, deutlich unterlegen. Bei der Pneumoenzephalografie musste beispielsweise der größte Teil des Hirnwassers abgezogen und durch Gas ersetzt werden. Diese Prozedur war extrem schmerzhaft und gefährlich; die Patienten mussten sich nach der Prozedur 2–3 Monate erholen. Hounsfield ließ sich von der brüsken Zurückweisung nicht abschrecken und vereinbarte ein Treffen mit dem Leiter der Neuroradiologie am Atkinson Morley Hospital (AMH) im Südwesten Londons, wo er auf mehr Interesse stieß. Vier Jahre später lieferte der CT-Scanner am AMH die ersten Gehirnbilder und revolutionierte die Neurologie über Nacht. Auch wenn die frühesten Scans nur eine relativ geringe Auflösung (80 × 80 Pixel) hatten, waren sie ein beispielloses Diagnostiktool, das als «besser als ein Raum voll Neurologen» beschrieben wurde. Das CT-Gerät, das unabhängig in den USA entwickelt wurde, lieferte später dreidimensionale Bilder des Gehirns und anderer anatomischer Strukturen.

Aufbau des …

CT-Scanners von EMI

[A] Röntgenstrahlröhre
[B] Detektoren
[C] Ringtunnel oder Gantry
[D] Untersuchungstisch

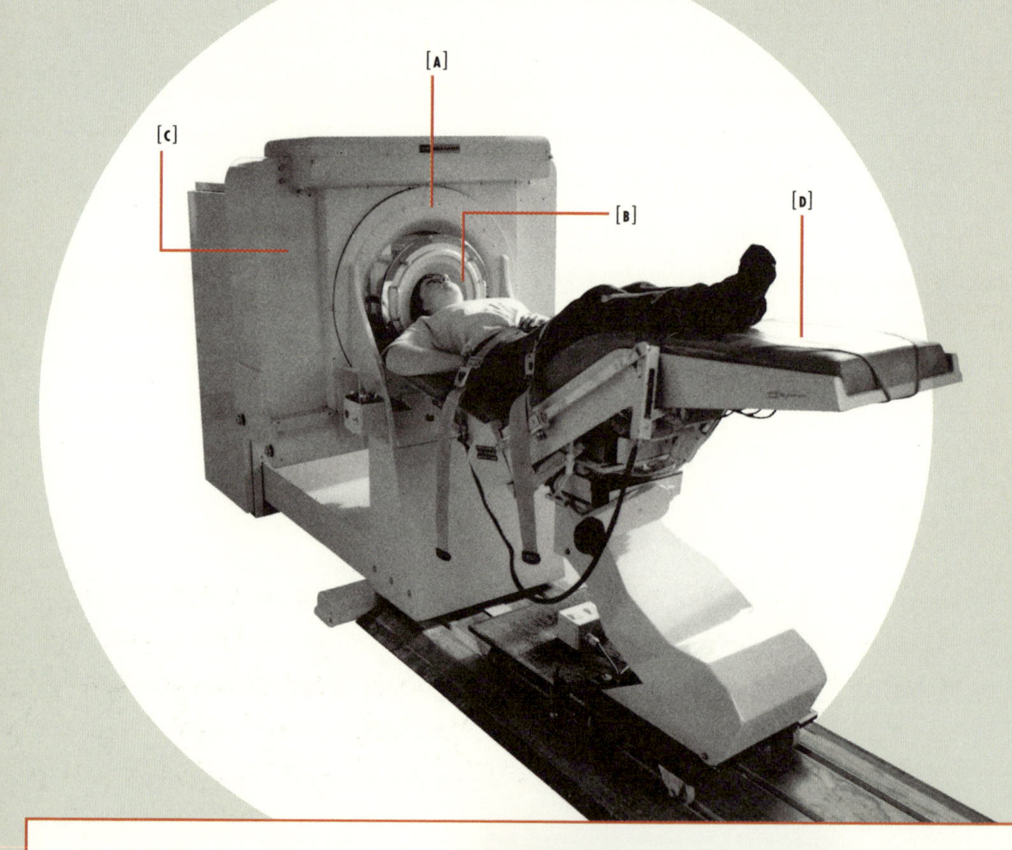

Wesentliches Merkmal:

Algebraisches Bild-Rekonstruktionsverfahren

Bei diesem mathematischen Verfahren handelt es sich um einen iterativen Algorithmus, der zur Rekonstruktion von Bildern aus einer Serie von Aufnahmen aus unterschiedlichen Winkeln eingesetzt wird. Es wurde 1971 von Godfrey Hounsfield für den CT-Scanner adaptiert.

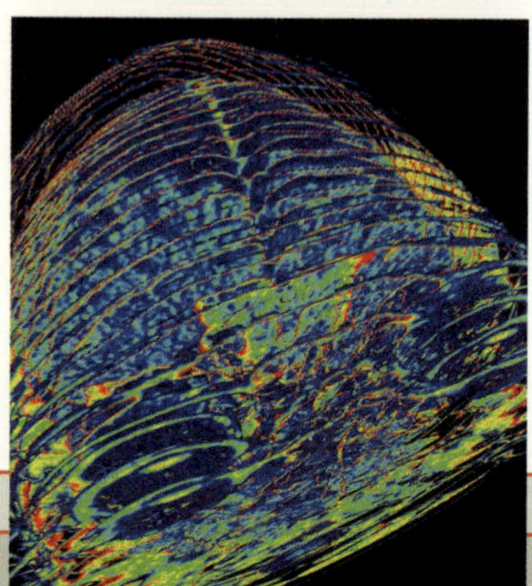

Abbild des Gehirns und der Augen, mit einem CT-Scanner gewonnen.

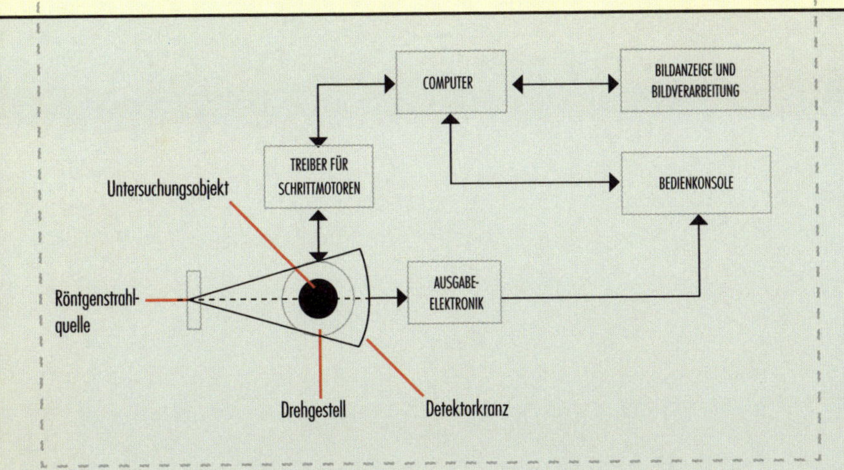

Schematische Abbildung eines modernen CT-Scanners.

Der CT-Scanner ist eine Weiterentwicklung der Röntgentomografie, die Anfang des 20. Jahrhunderts entdeckt wurde. Bei dieser gewann ein Radiologe Schnittbilder des Körpers des Patienten, indem er während der Aufnahme eine Röntgenröhre und eine Filmplatte in entgegengesetzter Richtung bewegte. Der Prototyp am AMH lieferte am 1. Oktober 1971 seinen ersten Scan. Ursprünglich war das Gerät nur für Gehirnscans gedacht, weshalb der Kopf im Gerät platziert wurde. 1973 begann Hounsfield mit der Entwicklung eines Ganzkörperscanners. Dieser verfügte über eine Röntgenröhre, die oben auf einem beweglichen Ringtunnel befestigt war, mit einem einzigen Fotomultiplier-Detektor auf der Unterseite. Der Scanner machte 160 Parallelaufnahmen über 180 Grad, wobei jeder Scan etwas mehr als fünf Minuten dauerte. Die Daten wurden auf Band zu einem Großrechner geschickt, wo sie mittels eines algebraischen Bildrekonstruktionsverfahrens verarbeitet wurden, was 2,5 h dauerte. Der erste kommerzielle Scanner von EMI brauchte für ein Bild etwa vier Minuten und die Rechenzeit pro Bild lag bei sieben Minuten.

«Hunderte von Radiologen, Neurologen und Neurochirurgen aus aller Welt eilten nach Wimbledon, um das neue Gerät am AMH zu sehen. Ungeachtet des zu jener Zeit horrenden Preises von $ 300 000 strömten die Bestellungen.»

A. Filler: *The Internet Journal of Neurosurgery* (2010)

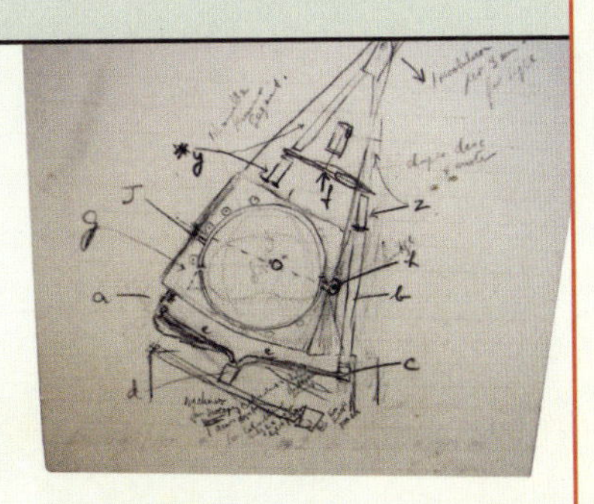

Eine Ideenskizze des Erfinders des CT-Scanners, Godfrey Hounsfield.

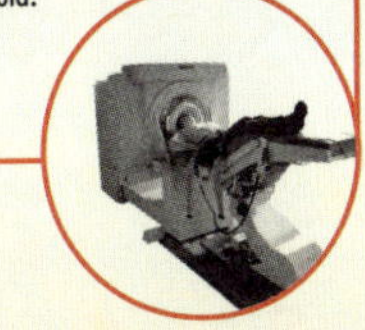

42

Entwickler:

Shizuo Takano

JVC HR-3300EK

Hersteller:

JVC

Industrie

Landwirtschaft

Medien

Verkehr

Wissenschaft

Computer

Energie

Haushalt

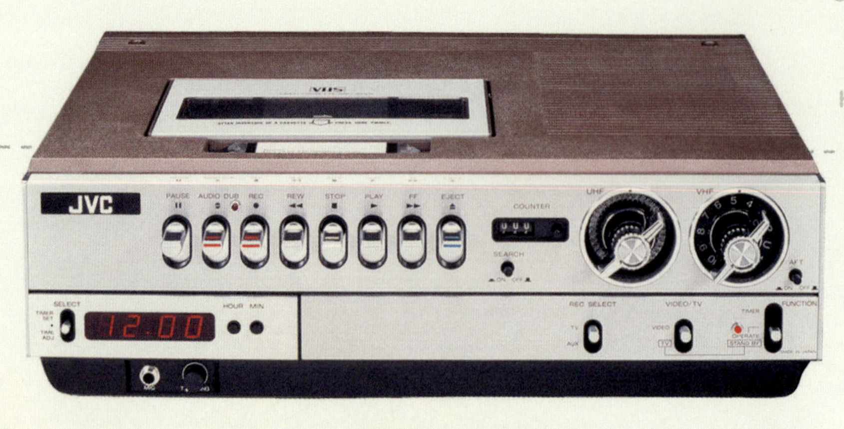

1976

Mitte der 1970er-Jahre war die Aufzeichnung von Ton und Bildern auf Band nichts Neues. Videorekorder für den Profibereich wurden unmittelbar nach Tonbandgeräten entwickelt. Der große Wettbewerb fand zwischen den rivalisierenden Videoformaten statt. 1976 waren noch zwei Hauptwettbewerber übrig: Betamax von Sony und VHS von Matsushita-JVC.

Wer gewinnt?

Der größte «Krieg» der zweiten Hälfte der 1970er-Jahre war kein Gerangel zwischen den Supermächten. Der Vietnamkrieg war 1975 zu Ende gegangen, und zwischen den USA, der UdSSR und dem kommunistischen China begann eine Periode relativ friedlicher, wenn auch ziemlich frostiger Koexistenz. Zwei große japanische Elektronikfirmen, Sony und Matsushita (heute Panasonic), die Mutterfirma von JVC, kämpften um die Vorherrschaft auf dem lukrativen Heimvideomarkt. Videoaufzeichnung war keine neue Technologie. Ampex hatte in den 1950er-Jahren einen Spulenvideorekorder entwickelt, und die niederländische Elektronikfirma Philips führte ihr Videokassettenformat N1500 ein, in der Hoffnung, den Erfolg von 1963 mit kompakten Audiokassetten zu wiederholen, konnte damit aber nicht überzeugen. Außerdem dominierten Mitte der 1970er-Jahre japanische Firmen auf dem Gebiet der Elektronik. Sowohl Verbraucher als auch Analysten warteten darauf, welches der japanischen Formate sich als Weltstandard durchsetzen würde.

«Der Formatkrieg zwischen Betamax und VHS wurde zu einer Alles-oder-Nichts-Angelegenheit […] Für die Unterhaltungsindustrie war Formatwettbewerb nichts Neues, so im Bereich der Musik zwischen Edisons gewachstem Zylinder und Berliners Schallplatte in der ersten Hälfte des Jahrhunderts und zwischen 45er-Schallplatten und LPs in jüngerer Zeit […]. Bei Videoformaten dagegen erwies sich Koexistenz als großes Problem.»

F. Wasser: *Veni, Vidi, Video* (2001)

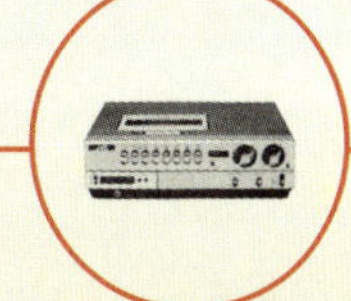

Ein Sony-Betamax-Gerät (unten) und ein Größenvergleich von Betamax- und VHS-Kassetten (links).

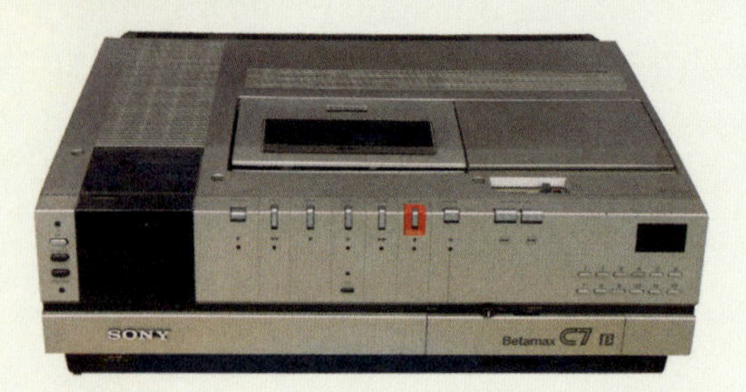

Nachdem keine Vereinbarung über einen japanischen Standard zustande gekommen war, brachte Sony 1975 Betamax auf den Markt in der Hoffnung, einen uneinholbaren Vorsprung gegenüber dem Rivalen JVC zu erreichen, der VHS («Video Home System») 1976 in Asien und Europa und 1977 in den USA einführte. Auf dem Höhepunkt der Auseinandersetzung übertrugen sich die Feindseligkeiten auf die Kunden beider Firmen, die ihre jeweilige Wahl verteidigten. Unterstützer des Betamax argumentierten, das Band sei nicht nur kleiner und einfacher zu lagern, sondern auch Klang und Bildqualität seien besser. Die VHS-Seite konterte mit der doppelten Laufzeit, 120 statt 60 Minuten. Bild- und Klangqualität der JVC-Videorekorder waren zwar etwas schlechter, aber sie kosteten viel weniger als die Sony-Geräte. Im Endeffekt erwiesen sich die längere Spieldauer und die geringeren Kosten beim Konsumenten als unschlagbare Kombination.

JVC HR-3300EK

WESENTLICHES MERKMAL: DIE VHS-KASSETTE

Die VHS-Kassette war eine Kunststoffhülle im Format 19 × 10 × 2,5 cm mit einer Klappe, die das Band außerhalb des Rekorders schützte. Im Original-VHS-Format wurde der Ton auf einer linearen Spur am oberen Rand des Bands aufgezeichnet. Man konnte mit dem HR-3300EK reinen Ton aufnehmen, aber da die Videoköpfe nicht abgeschaltet wurden, wurde in diesem Fall ein leeres Bild aufgezeichnet.

VHS-Kassette von oben

VHS-Kassette von unten

Die Bedienelemente des HR-3300EK sollten auch der iPod-Generation vertraut sein: «PLAY», «STOP», «REW», «FF», «REC», «PAUSE» und «EJECT» sind selbsterklärend, aber das Gerät hatte auch einen «AUDIO DUB»-Knopf, um nur Ton aufzunehmen. Die Tasten rasteten ein, sodass man beim Abspielen eines Videos die «STOP»-Taste drücken musste, bevor man «REW» oder «FF» wählen konnte. Eine Reihe von acht Knöpfen diente dazu, den Kanal auszuwählen, der wiedergegeben oder aufgezeichnet werden sollte. Drei weitere Schalter mussten betätigt werden, damit das Gerät aufnahm, ein Video abspielte oder das Fernsehbild anzeigte. Glücklicherweise wurde das bei späteren Geräten automatisiert. Drücken der EJECT-Taste führte dazu, dass der Kassettenlader sich nach oben bewegte, damit die Kassette entnommen oder eingelegt werden konnte. Sobald die PLAY-Taste betätigt wurde, zog das Gerät das Band aus der Kassette und legte es um die Kopftrommel, die sich mit 1800 Umdrehungen pro Minute (NTSC) oder 1500 Umdrehungen pro Minute (PAL) drehte. Der Bandladevorgang war als «M-lacing» bekannt, weil das Band durch die Umlenkrollen so um die Kopftrommel gelegt wurde, dass es von oben gesehen in M-Form verläuft.

[A] Bedientasten
[B] Zähler
[C] Kanalwähler
[D] Uhr
[E] Timer
[F] Stunden/Minuten
[G] Kassettenschacht
[H] Hauptfunktionswähler
[I] Wiedergabewähler (Video oder TV)
[J] Wähler für die Aufnahmequelle

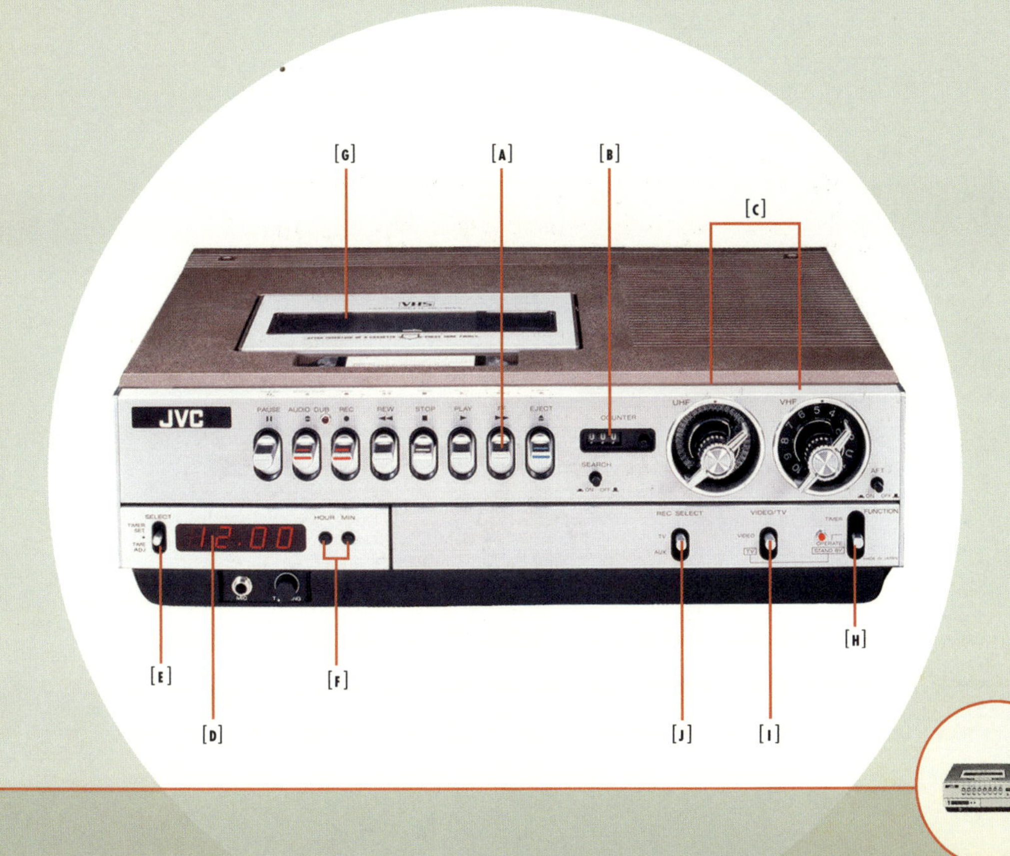

43

Entwickler:
Jay Miner

ATARI 2600

Industrie
Landwirtschaft
Medien
Verkehr
Wissenschaft
Computer
Energie
Haushalt

Hersteller:
Atari Inc.

«Sei ein Fliegerass, ein Rennfahrer, ein Tennisstar und ein Weltraumpionier und das alles an einem Nachmittag mit dem Video-Computer-System von Atari, dem neuen Videospielsystem für den heimischen Fernseher, das dir die ausgefeiltesten, verzwicktesten und lustigsten Videospiele bietet.» **Atari-Anzeige von 1977**

1977

Der Atari 2600 war nicht die erste Spielkonsole, etablierte sich aber wegen der Trennung von Hard- und Software schnell und förderte eine «Bildschirmgeneration», die es vorzog, drinnen zu bleiben und mit Fernsehern und Computern zu interagieren, statt draußen zu spielen. Besuche in Videospielhallen waren nicht mehr nötig.

Killer-App

Ich entstamme einer Generation, deren Spielzeug vornehmlich aus Holz, Metall und Kunststoff bestand und nur «interaktiv» war, wenn man eine blühende Fantasie hatte. Als wir älter wurden, bekamen wir elektrische Spielzeuge: batteriebetriebene Autos, Eisen- und Autorennbahnen. Aber als meine Freunde und ich das Teenageralter erreicht hatten, hielten in den Spielhallen, die zu jener Zeit immer noch hauptsächlich mit Flippern ausgerüstet waren, neuartige Geräte Einzug: Videospielgeräte, zunächst mit einfachen Spielen wie dem Tischtennisspiel PONG von 1972. Es sollte nicht lange dauern, bis Geräte mit zunehmender Raffinesse diese ersetzten, was zu Versuchen führte, daraus Konsolen für zu Hause zu entwickeln. Aber die frühen Konsolen waren auf ein Spiel beschränkt, hinkten dem aktuellen Spielhallenhit meist deutlich hinterher und verkauften sich schlecht.

Das Forschungs- und Entwicklungsteam von Atari, zu dem der Chip-Designer Jay Miner (1932–1994) gehörte, beschloss, eine Multi-Game-Plattform zu bauen, die dem Nutzer maximale Flexibilität gibt. Das VCS (Video Computer System; später in *Atari 2600* umbenannt), 1977 auf den Markt gebracht, bot den besten Klang und die beste Grafik der Zeit. Das Gerät verkaufte sich gut, was aber fehlte, war eine «Killer-App» – ein Spiel, das es zum Muss-Spielzeug machte. 1978 entwickelte der japanische Spieleentwickler Tomoshiro Nishikado (geboren 1944) mit «Space Invaders» ein Spiel, das die Welt im Sturm erobern sollte: Inspiriert vom «War of Lords» von 1898, wehrte sich der Spieler mit einer Laser-Kanone gegen Reihen sich abwärts bewegender Aliens. Als Atari die VCS-Version des Spiels 1980 veröffentlichte, war die Killer-App gefunden. Der Atari 2600 verkaufte sich besser als seine Konkurrenten und sein Erfolg erzeugte die Selbstzufriedenheit, die mit zum Zusammenbruch der Videospielindustrie in den USA 1983 beitragen sollte.

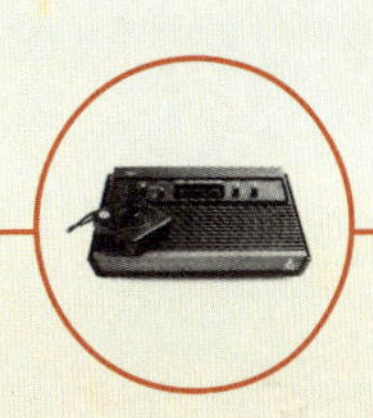

ATARI 2600

[A] Ein/Aus
[B] Auswahl Schwarzweiß/Farbe
[C] Schwierigkeitsgrad (Spieler A)
[D] Spielekassette
[E] Schwierigkeitsgrad (Spieler B)
[F] Spielauswahl
[G] Reset

ENTSCHEIDENDES MERKMAL: FERNSEHSCHNITTSTELLENADAPTER (TIA)

Der entscheidende Unterschied zwischen dem Atari und modernen PCs und Konsolen ist der Arbeitsspeicher: Der Atari begnügte sich mit kümmerlichen 128 Byte RAM. Zu jener Zeit waren die Speicherkosten so hoch, dass mehr die Konsole zu teuer gemacht hätte. Miners Lösung war, auf den Grafikspeicher zu verzichten. Stattdessen generierte sein TIA das Spielfeld und fünf grafische Objekte auf jeder Bildschirmzeile aus ihren jeweiligen Registern. Das einfarbige Spielfeld bestand aus einem Register von 20 Bit Breite, das auf die andere Seite des Bildschirms gespiegelt werden konnte, mit einer Palette von 128 Farben. Die fünf Objekte waren «Spieler A» und «Spieler B» (zwei einfarbige horizontale 8-Pixel-Linien), zwei einfarbige «Raketen», horizontale Linien, deren Breite von 1 bis 8 Pixel variierte, und ein «Ball», eine horizontale Linie in der Farbe des Spielfelds.

Das Motherboard des Vader 2600, das identisch mit dem 2600-A-Motherboard war.

Die frühen Modelle hatten am oberen Rand eine Reihe von sechs Schaltern, je drei auf beiden Seiten des Kassettenfachs. Von links nach rechts: Ein/Aus, Schwarzweiß/Farbe, Schwierigkeitsgrad Spieler A, Schwierigkeitsgrad Spieler B, Spielauswahl und Reset. Die beiden Schwierigkeitswähler wurden später auf die Rückseite verlegt, wo sich auch Ports für die Eingabegeräte – zwei Joysticks und zwei «Paddles» (Drehregler) – und der TV-Port befanden. Das Gerät wurde mit 10 Spielen verkauft. Die Spiele waren nicht auf internen Chips gespeichert wie bei früheren Konsolen, sondern auf ROM-Chips in den Kassetten.

«Paddles» (Drehregler) für Atari 2600.

Atari-Konsolen gab es in verschiedenen Ausführungen, darunter dieses «Holzfurnier»-Modell.

44

Entwickler:

Kozo Ohsone

«WALKMAN» TPS-L2 VON SONY

Industrie

Landwirtschaft

Medien

Verkehr

Wissenschaft

Computer

Energie

Haushalt

Hersteller:

Sony Corporation

1979

Der «Walkman» TPS-L2 von Sony kann nicht für sich beanpruchen, die erste tragbare Musikplattform gewesen zu sein, aber er war derjenige, der das Konzept von Tragbarkeit und individueller Playlist realisierte. Sein enormer wirtschaftlicher Erfolg sicherte Japans Stellung als Weltführer in diesem Bereich.

Die Erfindung, die es nie gab

1972 stellte Andreas Pavel (geboren 1945) ein revolutionäres Konzept im Bereich der Unterhaltung vor: einen tragbaren Audiokassettenspieler, den er «Stereobelt» nannte. Den was? Genau. Da es ihm nicht gelungen war, einen der großen Elektronikproduzenten dafür zu interessieren, da diese meinten, dass die Kunden in der Öffentlichkeit nicht mit Kopfhörern gesehen werden wollten (!), meldete Pavel 1978 ein Patent an. Aber bevor das Patent erteilt wurde, brachte Sony den TPS-L2 auf den Markt, der nach anfänglichen Namensfehlgriffen als «Walkman» bekannt wurde.

Pavel verklagte Sony verständlicherweise, und die Auseinandersetzung wurde zu einem Kampf zwischen David und Goliath, wenn auch ohne Schleuder. 2004 einigten sich Sony und Pavel schließlich außergerichtlich auf eine unbestätigte Summe, die Gerüchten zufolge um die $ 10 Mio. gelegen hat. So nahm die Angelegenheit für Pavel ein glückliches Ende, er bekam seine Anerkennung und etwas Geld – allerdings 32 Jahre zu spät und zu einer Zeit, zu der der Audiokassetten-Walkman als nicht mehr zeitgemäß im Technikmuseum gelandet war.

«Der Walkman kam zunächst als ‹Soundabout› in den USA, ‹Stowaway› in England und ‹Freestyle› in Australien auf den Markt. Der Name ‹Walkman› setzte sich schließlich durch, als tragbare Walkman-Stereogeräte in Japan sehr populär wurden und Touristen, die Japan besuchten, sie als Souvenir kauften.»

SONY-PRESSEMITTEILUNG, 1999

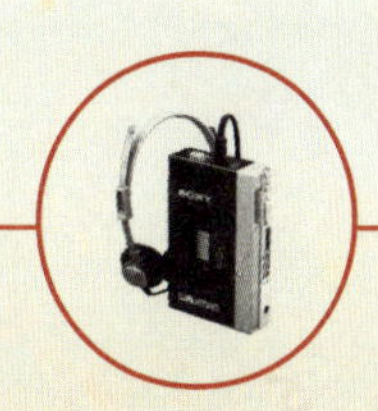

Der schwarz-silberne Sony Walkman, mit Gürtelclip und einem Behältnis für die zusätzlichen Batterien, die dieser stromhungrige Kassettenspieler benötigte.

In den 1970er-Jahren war die Taschen-Stereoanlage eine Erfindung, die in der Luft lag. An dieser Technologie war nichts besonders neu: 1963 hatte Philips die Audiokassette vorgestellt, kleine Tonbandgeräte mit eingebauten Lautsprechern und Kopfhörer sind so alt wie das Radio. Aber wie Pavel feststellte, bedeutete für die meisten Manager von Elektronikfirmen Musikgenuss das Anhören der Lieblingsschallplatten mit der Stereoanlage im Wohnzimmer und nicht das Hören über Kopfhörer unterwegs mit einem am Gürtel befestigten Gerät. Was sie nicht erkannten, war, dass Teenager, die mühselig ihre persönlichen Musiksammlungen auf Kassette zusammengestellt hatten, ein Abspielgerät haben wollten, mit dem sie ihre Musik mit nach draußen nehmen konnten. Die drei, die diesen Wunsch und dessen wirtschaftliches Potenzial erkannten, waren der 70-jährige Gründer von Sony, Masaru Ibuka (1908–1997), der 58 Jahre alte Sony-Präsident, Akio Morita (geboren 1921), und der 46 Jahre alte Leiter der Tonbandabteilung, Kozo Ohsone (geboren 1933).

Aufbau des …

«Walkman» TPS-L2 von Sony

Entscheidendes Merkmal: Das «Walkman»-Konzept

Der «Walkman» von Sony war vor allem eine herausragendes Marketingkonzept, das den Bedarf für tragbare Stereogeräte mit nutzerspezifischer Playlist sowohl traf als auch hervorrief. An Teenager gerichtet, die neuen «Walk-men» und «Walk-women», sicherte es Japans Dominanz in der Unterhaltungselektronik.

Der solarbetriebene Walkman von 1987, ein Vertreter der großen und wachsenden Gerätefamilie.

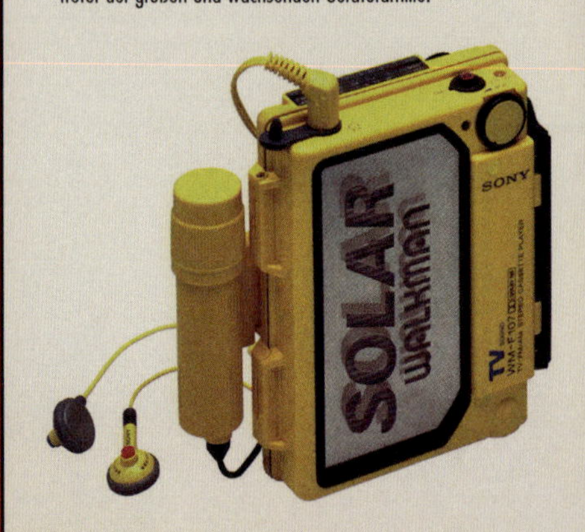

[A] Zwei Kopfhörerbuchsen
[B] «Hot-Taste»
[C] FF/REW
[D] Play
[E] Stop/Eject
[F] Lautstärkeregler
[G] Metallgehäuse
[H] Kopfhörer

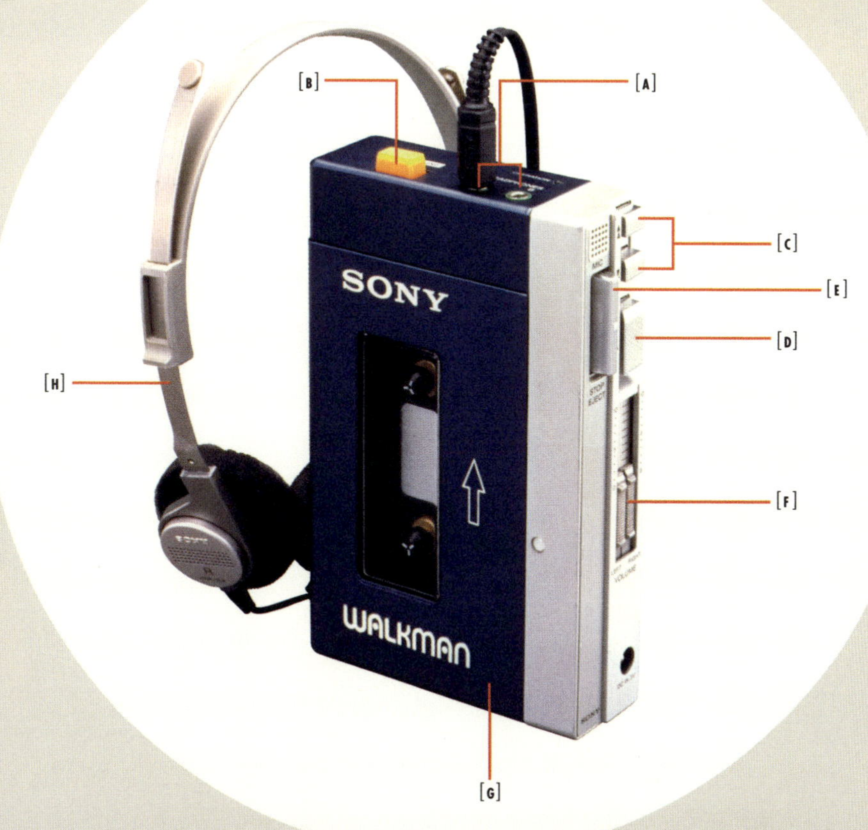

Als Ibuka, Morita und Ohsone beschlossen, die Idee des «Walkman» zu verfolgen, womit sie, so ist zu hören, bei Sony auf beträchtlichen Widerstand stießen, hatten sie einen fertigen kleinen Kassettenrekorder, den sie adaptieren konnten: den TCM-600 «Pressmann», mit dem Journalisten Interviews aufzeichneten. Um Größe, Gewicht und Kosten zu sparen, ließ Ohsones Team so viel weg wie möglich – Aufnahmetechnik, Aufnahme- und Pause-Taste, Mikrofonhalterung, Löschkopf, Lautsprecher und Bandzähler – und baute einen Stereokopf ein; an der Seite neben den Hauptbedientasten (PLAY, FF, REW, STOP/EJECT) zudem zwei stufenlos verstellbare Lautstärkeregler. Der Walkman hatte zwei Kopfhörerbuchsen (auch wenn er nur mit einem MDR-3L2-Kopfhörer geliefert wurde). Neben den Buchsen befand sich eine orangefarbene «Hot-Taste», die die Musik herunterregelte und die Ausgabe eines kleinen eingebauten Mikrofons einspielte, sodass zwei Hörer einander oder einen Dritten hören konnten, ohne das Gerät anhalten zu müssen. Die Musikwiedergabe wurde als sehr gut angesehen. Verkauft wurde das charakteristisch blau-silberne Gerät mit Batteriekasten und Gürtelclip.

45

Entwickler:
Henrik Stiesdal

VESTAS HVK 10

Hersteller:
Vestas

Industrie
Landwirtschaft
Medien
Verkehr
Wissenschaft
Computer
Energie
Haushalt

1979

Während Regierungen und Energiekonzerne Milliarden in Kernspaltung und Kernfusionsforschung steckten und nach schwindenden Ölreserven suchten, konstruierten dänische «Selbstbauer» Geräte zur Nutzung einer der natürlichen, frei verfügbaren und erneuerbaren Energiequellen: der Windenergie. Henrik Stiesdals Vestas HVK 10 war eine von mehreren Windturbinen, die 1979 in Dänemark kommerziell entwickelt wurden.

Sie drehen sich im Wind

1978 standen zwei Männer auf einem Feld in Dänemark und beobachteten stolz etwas, was wie eine Kreuzung aus einem Propellerflugzeug und einem Leitungsmasten aussah. Die beiden waren Henrik Stiesdal und Karl Erik Jørgensen (1931–1982), zwei von vielen Windenergieenthusiasten, die Mitte der 1970er-Jahre Windturbinen entwickelten und bauten, um Elektrizität für ihre Häuser im ländlichen Dänemark zu erzeugen. Es war Jørgensens zweite Turbine und sein Kollege und späterer Geschäftspartner bei Herborg Vindkraft (HVK), Henrik Stiesdal, zu dieser Zeit noch Student, überredete ihn dazu, seinem ursprünglichen Zweiflügeldesign einen dritten Flügel hinzuzufügen. Die Turbine nutzte einen von Økær, einem ein Jahr alten Startup, speziell hergestellten Fiberglasrotor. Auch wenn noch technische Schwierigkeiten zu überwinden waren, verfügte der Neuling HVK innerhalb eines Jahres über eine Turbine, die 30 kW liefern konnte.

Energie aus Wind zu gewinnen, ist einer der ältesten Methoden der Energiegewinnung. Vom Wind angetriebene Geräte sind seit dem Altertum bekannt, die ersten Windmühlen sollen im Iran des 9. Jahrhunderts gestanden haben. Die Idee, Strom mithilfe von Windmühlen zu erzeugen, geht bis ins späte 19. Jahrhundert zurück. Aber im Zeitalter kohlebetriebener Dampfmaschinen und dem der Verbrennungsmotoren gab es keinen Bedarf, Sonnen- oder Windenergie nutzbar zu machen.

«Die Technik war kompliziert, aber nicht komplizierter, als dass ein naturwissenschaftlich interessierter Student sie nicht hätte bewältigen können. Sie war insofern komplex, als sie viele verschiedene Technologien kombinierte, von Generatorssystemen über Getriebesteuerungen bis zu Türmen usw.» Henrik Stiesdal (geboren 1957)

VESTAS HVK 10

Die dänische Firma Vestas ist immer noch einer der Weltführer bei der Windenergietechnologie.

In den späten 1970er-Jahren hatte die Welt den Ölpreisschock von 1973 erlebt und Illusionen bezüglich der Kernenergie waren verflogen. Die dänischen Selbstbauer entwickelten Windturbinen nicht nur aus Umweltgründen, sondern auch, um billige Energie für ihre Familien und Firmen bereitzustellen in einem Land, das neben dem reichen Windangebot über wenig Energieressourcen verfügt. Nachdem HVK seine erste kommerzielle Turbine perfektioniert hatte, unterzeichnete die Firma 1979 einen Lizenzvertrag mit Vestas, einem Landmaschinenhersteller, zum Bau der HVK 10. Zusammen mit anderen dänischen Windkraft-Startups, Kuriant, Nordtank und Bonus, legte Vestas den Grundstein für das «dänische Konzept» der Windkraftnutzung.

ENTSCHEIDENDES MERKMAL:

DIE «TIP-BREMSE»

1978 gab es beim HVK-Prototyp und einer anderen dänischen Turbine mit Rotorblättern von Økær große Probleme bei Starkwind. Die internen Nabenbremsen der Turbinen versagten in beiden Fällen und es kam zu ernsthaften Schäden. Als Reaktion darauf entwickelten HVK und Økær die ersten «Tip-Bremsen», fliehkraftbetätigte verdrehbare Rotorblattspitzen. (Die Bezeichnung «Tip-Bremse» ist vom englischen Wort *tip* für Blattspitze abgeleitet).

Windräder werden typischerweise auf Kuppen errichtet, der vorherrschenden Windrichtung zugewandt.

Die Vestas HVK 10 war eine Horizontalachsen-Windturbine (HAWT) mit drei 5 m langen Fiberglasrotorblättern der Firma Økær (10-m-Rotor), die 30 kW Strom erzeugte. Ein kleineres Modell mit 3-m-Blättern von Aerostar (Rotordurchmesser 6 m) lieferte 22 kW. Der Rotor war auf einem Metallgittermast montiert, nicht auf einem massiven Turm wie spätere Modelle. Um maximale Effektivität zu erreichen, muss die Turbine in den Wind gedreht werden können. Bei kleineren Turbinen wird das mit einer Wetterfahne erreicht (passive Windnachführung), bei größeren Modellen ist eine aktive Nachführung durch Motoren erforderlich, die über Sensoren gesteuert werden. Der Wind, der über die Rotorblätter streicht, dreht den Rotor. Die Leistung wird über die Rotornabe auf die Rotorwelle übertragen. Diese leitet die Drehbewegung über das Getriebe an den Generator weiter. Windräder können in Windfarmen aufgestellt werden, die an das öffentliche Stromnetz angeschlossen sind, oder, dem ursprünglichen «dänischen Konzept» folgend, ein einzelnes Gebäude versorgen.

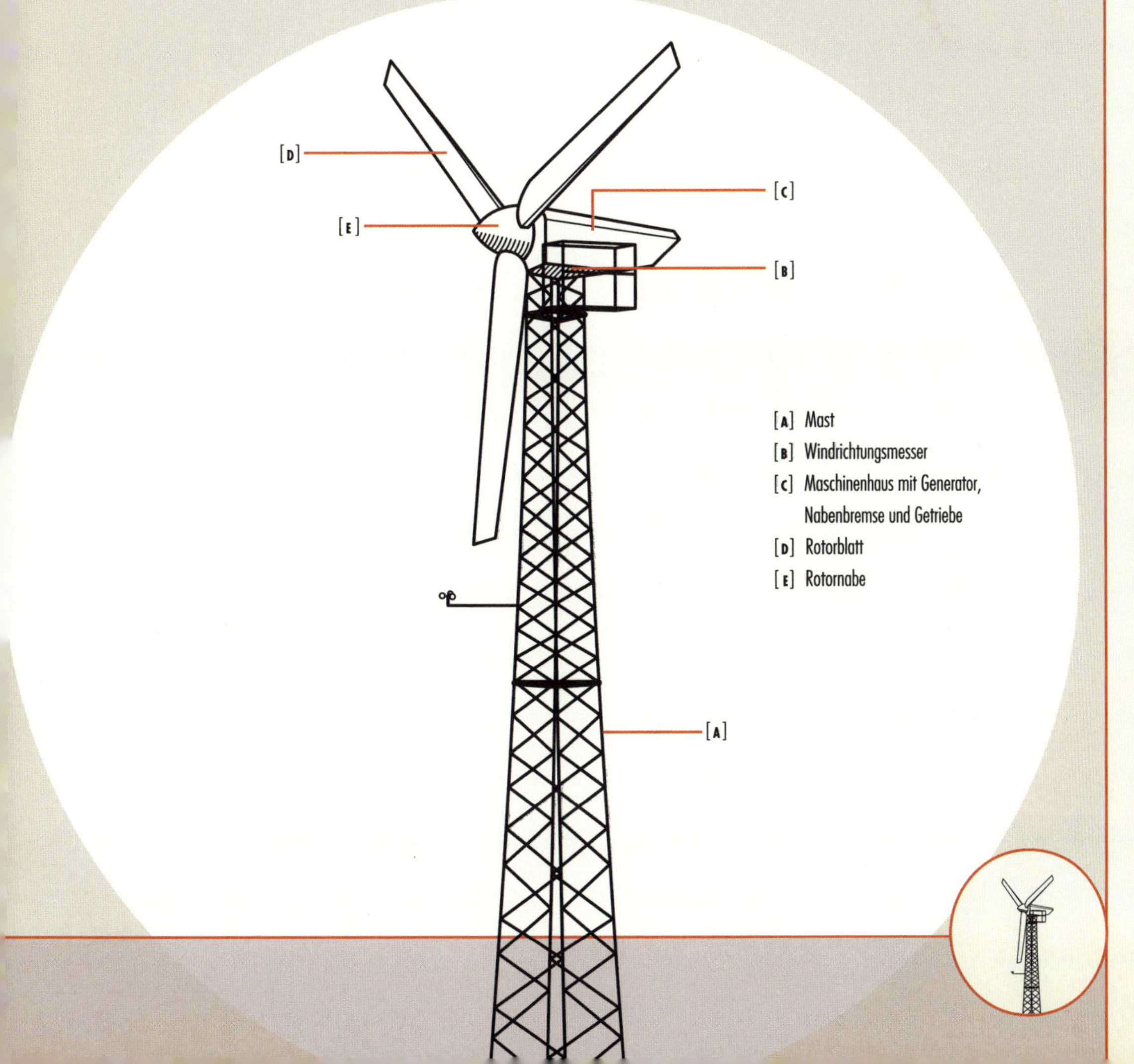

[A] Mast
[B] Windrichtungsmesser
[C] Maschinenhaus mit Generator, Nabenbremse und Getriebe
[D] Rotorblatt
[E] Rotornabe

46

Entwickler:

Don Estridge

IBM PC 5150

Industrie

Landwirtschaft

Medien

Verkehr

Wissenschaft

Computer

Energie

Haushalt

Hersteller:

IBM

1981

Den Einfluss der Einführung der ersten Generation von Homecomputern in den späten 1970er- und frühen 1980er-Jahren auf Gesellschaft und Kultur wird man schwerlich überschätzen können. Der IBM PC 5150 und seine Klone veränderten erst Arbeitswelt und Bildungsinstitutionen und hielten dann als Universalrechner und Unterhaltungsmedium Einzug in die Haushalte. In den 1990er-Jahren sollten uns die allgegenwärtigen Desktopcomputer und Laptops mit dem Word Wide Web verbinden.

Vom Rechenzentrum ins Schlafzimmer

Wie andere Studenten in den 1970er-Jahren hatte ich vordergründig Zugang zu einem Computer, auch wenn er weder in meinem Zimmer noch in der Bibliothek stand. Es war der raumgroße Großrechner im Rechenzentrum der Universität. Nutzungszeiten mussten gebucht werden, und um ihn richtig einsetzen zu können, musste man wissen, wie man ihn programmiert. Mangels komfortabler Textverarbeitungsprogramme dachte niemand im Traum daran, ihn für so etwas Komplexes wie Textverarbeitung zu nutzen. Dafür gab es die Schreibmaschine: elektrisch – wenn man Glück hatte – oder schwerfällig, mechanisch. Aus heutiger Sicht überraschend führten wir trotzdem ein recht normales, glückliches Leben, auch ohne 2-GB-HDs.

Zum ersten Mal kamen wir am Beispiel von Babbages Differenzmaschine mit dem «Computer» in Berührung. Ein riesiger, mit einer Handkurbel betätigter mechanischer Rechner für polynomische Funktionen, hatte dieses Gerät nichtsdestotrotz viele der Ausstattungsmerkmale späterer Rechner, darunter elementare Programmierbarkeit und einen Drucker. 1936 legte das britische Mathematikgenie Alan Turing (1912–1954) die Grundlage der moderner Computerwissenschaft. Nach ihm ist die «Turingmaschine» benannt, ein wichtiges Modell in der theoretischen Informatik. Während des Zweiten Weltkriegs arbeitete Turing am britischen Colossus, einem Spezialrechner zum Knacken von Codes. Unabhängig davon wurden zur selben Zeit Computer in Deutschland (Z3) und den USA (ENIAC) entwickelt, Letzterer ein gebäudegroßes Monstrum aus Zehntausenden von Vakuumröhren und Relais für das Militär.

Der Transistor wurde 1947 erfunden und hatte bis 1955 die Vakuumröhren in Computern ersetzt. Ursprünglich erfolgte die Eingabe mittels Lochkarten oder Lochstreifen, die später durch Magnetbänder ersetzt wurden. Auch wenn die Computer in den 1950er-Jahren kleiner, schneller und billiger wurden – der IBM 650 wog nur noch 900 kg –, waren sie immer noch weit entfernt von tragbaren Homecomputern. Die 1960er-Jahre wurden Zeuge der Entwicklung des Mikroprozessors und 1971 produzierte Intel seine erst 4-bit-CPU, Intel 4004.

Die drei für den Massenmarkt

Die ersten portablen Einzelplatzrechner kamen in den frühen 1970er-Jahren auf den Markt und wurden häufig in kleinen Stückzahlen als Bausatz an Enthusiasten verkauft. Das Zeitalter der Kleincomputer für den Massenmarkt begann mit drei Geräten, die 1977 innerhalb weniger Monate vorgestellt wurden: Commodore PET (Personal Electronic Transactor), Apple II und Tandy RadioShack TRS-80. Der PET war wegen der kleinen, rechnerähnlichen Tastatur der am wenigsten erfolgreiche; der Apple II zeigt schon das charakteristische Design eines Macintosh, hatte eine Schreibmaschinentastatur und einen farbfähigen Bildschirm. Obwohl er der teuerste der drei war, verkaufte sich der Apple II am längsten und erfolgreichsten. Der TRS-80 kombinierte CPU und Tastatur mit einem separaten Monitor und einem Netzteil. Er war zwar weniger hochentwickelt als der Apple, hatte aber ebenfalls eine Schreibmaschinentastatur, war klein und kostete die Hälfte. Angesichts des Erfolgs der drei und der 1978 vorgestellten Atari 400 und 800 entschied sich der weltgrößte Computerhersteller dieser Zeit, International Business Machines Corp (IBM), in das Mikrocomputergeschäft einzusteigen. Um Zeit zu sparen, griff das Team um Gruppenleiter Don Estridge (1937–1985) beim «Project Chess», so der Codename, auf Komponenten anderer Hersteller zurück und bediente sich auch bei IBM-Produkten. Tastatur und Zentraleinheit waren Originalentwicklungen, der Monitor kam aber von IBM Japan und der Drucker von Epson. Die Entwicklung benötigte rund ein Jahr; IBM brachte den PC im August 1981 auf den Markt, zu einem Preis von $ 1 565 für das Basismodell. Die vielleicht weitreichendste Entscheidung Estridges war die Wahl des Intel-8088-Prozessors in Kombination mit Microsofts DOS 1.0 statt eines IBM-Prozessors und -Betriebssystems. Der riesige Erfolg des IBM-PC führte dazu, dass MS-DOS, von Bill Gates (geboren 1955) entwickelt, das weltweit vorherrschende Betriebssystem wurde.

Einer der ersten Apple-Homecomputer mit einem externen Modem von Hayes.

Der Toshiba 1100, einer der vielen IBM-PC-Klone, die den Markt überfluteten.

Seit den 1880er-Jahren und der Einführung der Schreibmaschine auf breiter Ebene (siehe S. 84), war alles, was mit Tippen zu tun hatte, die Domäne vorwiegend weiblicher Schreibkräfte und Sekretärinnen. Mit der Einführung des IBM-PC jedoch wurden Schreibkräfte durch Datentypisten ersetzt und leitende Angestellte mussten lernen, ihre Briefe und Berichte selbst zu schreiben. Parallel zum Büro eroberte der PC Haushalt und Klassenzimmer. Innerhalb eines Jahrzehnts sollte er die Plattform für den Zugang zum World Wide Web werden.

Angriff der Klone

Auch wenn es sich nicht um den ersten Computer handelte, der «PC» genannt wurde, wurde die Bezeichnung schnell ein Synonym für den IBM-Desktop und seine vielen Nachahmer. Die ersten Klone (PC-kompatible Computer) wurden ein Jahr später angekündigt, darunter der Compaq «Portable». Innerhalb weniger Jahre sollten alle rivalisierenden Betriebssysteme und Computerarchitekturen unter dem Ansturm von PC und MS DOS verschwinden, mit einer bemerkenswerten Ausnahme: Apple Inc., das seinen ersten «Macintosh» 1984 auf den Markt brachte. IBM und andere amerikanische Hersteller beglückwünschten sich gegenseitig zu einer weiteren die Welt verändernden Erfindung, aber ihre Selbstgefälligkeit sollte erschüttert werden: Die Japaner kamen. 1985 stellte Toshiba den ersten Laptop für den Massenmarkt vor, den T1100.

PERSONAL COMPUTER

- Xerox Alto **1973**
- Altair 8800 **1974**
- Commodore PET 2001 **1977**
- Apple II **1977**
- Tandy TRS-80 **1977**
- Atari 400/800 **1978**
- TI-99/4 PC **1979**
- Sinclair ZX-80 **1980**
- VIC-20 **1981**
- IBM PC 5150 **1981**

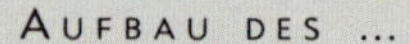

IBM PC 5150

[A] Tastatur
[B] Diskettenlaufwerk A
[C] Diskettenlaufwerk B
[D] Systemeinheit
[E] Bildschirm

«IBM ist stolz darauf, ein Produkt anzukündigen, an dem Sie persönlich Interesse haben könnten. Es ist ein Werkzeug, das bald auf Ihrem Schreibtisch stehen könnte, in Ihrem Haushalt oder im Klassenzimmer Ihres Kindes. Es kann einen überraschenden Unterschied machen in Ihrer Art und Weise zu arbeiten, zu lernen oder sich sonst Komplexitäten (und manchen Freuden) des Lebens zu nähern.» **IBM-INSERAT, 1981**

Abgesehen vom unförmigen CRT-Monitor ähnelt das Äußere des IBM-PCs heutigen Geräten. Aber damit erschöpfen sich die Ähnlichkeiten auch schon. Die CPU, Intel 8088, lief unter Microsofts DOS 1.0 – nichts könnte von einem modernen Betriebssystem weiter entfernt sein – mit lächerlichen 640 KB RAM. Eine Festplatte gab es nicht. Alles, Programme wie Daten, lag auf 5¼–Zoll-Disketten mit einer Kapazität von 160 oder 360 KB. Beim Arbeiten mit dem IBM-PC musste man mit den Disketten jonglieren. Im ursprünglichen Konzept diente ein externes Kompaktkassettenlaufwerk als Hauptspeicher. Da das Betriebssystem nur auf Diskette verkauft wurde, war die Kassettenidee ein Reinfall; 1983 wurde eines der Diskettenlaufwerke durch eine 10-MB-Festplatte ersetzt. Die Tastatur des IBM-PC setzte den Industriestandard, aber in der ersten Version war beim Tippen ein störendes Klacken zu hören – zweifellos, um die Benutzer an den vertrauten Klang der Schreibmaschinentasten zu erinnern –, was dann schnell abgestellt wurde.

Die Originaltastatur des IBM-PC hatte ein lästiges Klacken eingebaut, um den Nutzer an die Schreibmaschine zu erinnern.

WESENTLICHSTES MERKMAL:

DAS PC-KONZEPT

Auch wenn er nicht der erste Personal Computer und vermutlich nicht der technisch ausgereifteste war, hat der IBM-PC den PC im Haushalt, in der Schule und am Arbeitsplatz etabliert. Die marktbeherrschende Stellung von PC-Klonen führte auch zur Vormachtstellung von Microsofts Betriebssystemen.

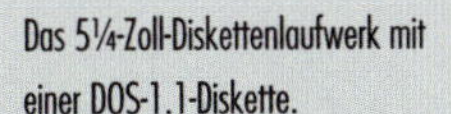

Das 5¼-Zoll-Diskettenlaufwerk mit einer DOS-1.1-Diskette.

IBM-PC-Motherboard von 1981 mit 16 KB RAM (erweiterbar auf 64 KB).

47

Entwickler:
Dale Heatherington

SMARTMODEM 300 VON HAYES

Hersteller:
Hayes Microcomputer Products

Industrie
Landwirtschaft
Medien
Verkehr
Wissenschaft
Computer
Energie
Haushalt

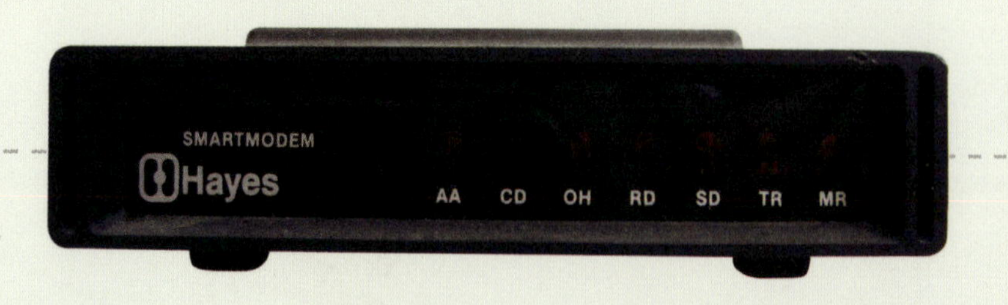

«Was genau ist das Internet? Im Grunde ist es ein globales Netzwerk, das digitalisierte Daten in einer Weise austauscht, dass jeder Computer überall auf der Welt, der mit einem ‹Modem› genannten Gerät ausgestattet ist, ein Geräusch machen kann wie eine Ente, die in ein Kazoo quakt.» DAVE BARRY (GEBOREN 1947)

1981

Mit den Homecomputern und PCs standen Terminals bereit, die über das Telefonnetz mit noch komplexeren Computernetzwerken verbunden werden konnten, aus denen eines Tages das WWW entstehen sollte. Aber bevor das Internet, wie wir es heute kennen, realisiert werden konnte, musste ein Gerät entwickelt werden, mit dem die Tausenden über die Welt verstreuten PCs verbunden werden konnten: das Modem.

Einfach verbinden

Wer nicht für bestimmte Regierungsorganisationen und Universitäten in den USA und Westeuropa arbeitete, hatte bis in die 1980er-Jahre nie etwas von den verschiedenen «Netzen» gehört, die ihre Computer elektronisch verbanden. Aber bereits seit den frühen 1970er-Jahren tauschten Menschen Dateien per FTP aus und verschickten E-Mails. In den späten 1980er-Jahren arbeitete ich in Japan und kann mich noch an die Ehrfurcht erinnern, mit der ich meine allererste E-Mail an unser New Yorker Büro schickte – vermutlich mit der Hand vorgeschrieben, bevor ich sie eintippte. Ich kann mich nicht erinnern, welches E-Mail-Programm wir benutzten, aber wir verschickten die Mails von einem PC-Klon aus über ein Modem (*Mo*dulator-*Dem*odulator), das seinerzeit so schrecklich kompliziert schien, dass ein IT-Techniker es installieren und die Echtzeitverbindung für uns aufbauen musste. Natürlich verschickten wir nach ein paar Wochen E-Mails wie selbstverständlich überall hin.

Verglichen mit den heutigen Breitbandverbindungen waren 300-bit-Modems unglaublich langsam und schwerfällig, und oft bekam man nur die Hälfte einer Nachricht oder Datei gesendet, bevor die Verbindung abbrach oder der Computer abstürzte, sodass man von vorne beginnen musste. Als ich in den 1990er-Jahren meinen ersten heimischen Internetanschluss bekam, hatte ich das Glück, dass 1981 Dennis Hayes (geboren 1950) und Dale Heatherington (geboren 1948) das erste vollautomatische Modem, das Smartmodem 300, entwickelt hatten und den zum Industriestandard gewordenen AT-Befehlssatz, der automatisches Wählen, Abheben und Beenden der Verbindung ermöglichte. Frühe Modems verwendeten ein akustisches System, um Daten über die Telefonleitung zu übermitteln, und das Modem machte das charakteristische Geräusch, das Dave Barry mit «einer Ente, die in ein Kazoo quakt» verglich.

Dale Heatherington mit dem Prototyp des Hayes-Modems 80-103.

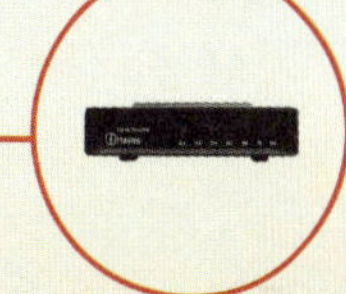

48

Entwickler:
Leroy Hood

DNA-SEQUENZIERER 370A VON ABI

Industrie
Landwirtschaft
Medien
Verkehr
Wissenschaft
Computer
Energie
Haushalt

Hersteller:
Applied Biosystems Inc.

«Die Werkzeuge, die wir entwickeln, werden für vielerlei Aufgaben eingesetzt – um Gene und Proteine zu entdecken, die mit Krankheiten in Verbindung stehen, Polymorphismen zu erkennen, die Arzneimittelsicherheit und -wirksamkeit beeinflussen [ ], frühes Erkennen gefährlicher Pathogene zu ermöglichen und erdrückende Beweise von Schuld oder Unschuld bei schweren Verbrechen zu liefern.»

C. BUZRICK, ZITIERT IN ‹APPLIED BIOSYSTEMS› (2006) VON M. SPRINGER

1987

Die Sequenzierung des menschlichen Genoms war eines der ambitioniertesten wissenschaftlichen Projekte des späten 20. Jahrhunderts und kann sich mit der Landung auf dem Mond und dem Bau des Large Hadron Collider messen. Die gewonnenen Erkenntnisse verändern nun Präventivmedizin, Diagnostik und Behandlung.

Den Code knacken

Vergessen Sie «Sakrileg» – Kinderkram – oder das Knacken des deutschen «Enigma»-Codes durch britische Kryptoanalytiker im Zweiten Weltkrieg. Das «Human Genome Project» (Humangenomprojekt HGP) begann 1990 mit öffentlicher Finanzierung mit dem Ziel, das Humangenom (HG) zu kartieren und zu entschlüsseln. Das menschliche Genom umfasst 23 Chromosomenpaare, die 20 000–25 000 einzelne Gene tragen, und 3,3 Milliarden DNA-Basenpaare, die aus den vier Nukleinsäuren Adenin, Guanin, Cytosin und Thymin (A, G, C, T) aufgebaut sind. Das Entschlüsseln und Sequenzieren des Genoms dauerte 13 Jahre und kostete 3 Milliarden Dollar.

DNA wurde erstmals im späten 19. Jahrhundert in menschlichen Zellen entdeckt, und 1927 postulierten Genetiker, dass Vererbung durch einen chemischen Mechanismus im Zellkern gesteuert werden könnte, aber erst 1953 schufen James Watson (geboren 1928), Francis Crick (1916–2004) und Rosalind Franklin (1920–1958) das erste exakte Modell einer DNA-Doppelhelix. Auch wenn die Grundstruktur des Genoms verstanden war, blieb seine Komplexität Respekt einflößend. Die ersten Sequenziermethoden waren langsam und es wurden giftige Chemikalien und radioaktive Substanzen benötigt. 1986 entwickelte Leroy Hood (geboren 1938) am Caltech (California Institute of Technology) einen halbautomatischen Sequenzierautomaten, der mit fluoreszierenden Farbstoffen arbeitete, um die Neukleosidbasen zu identifizieren und zu scannen. Von Applied Biosystems lizensiert, wurde der Prototyp ein Jahr später zur ersten automatischen DNA-Sequenziermaschine, der ABI 370A, weiterentwickelt. Mit der neuen Sequenziertechnik wurde das HGP viel schneller und deutlich preiswerter fertiggestellt. Die Kosten für die Sequenzierung des Genoms eines Einzelnen, die 2003 noch bei $ 3 Milliarden lagen, sanken bis 2017 auf $ 1000.

Der Schweizer Biologe und Arzt Johannes Friedrich Meischer (1844–1895) isolierte als Erster Nukleinsäuren.

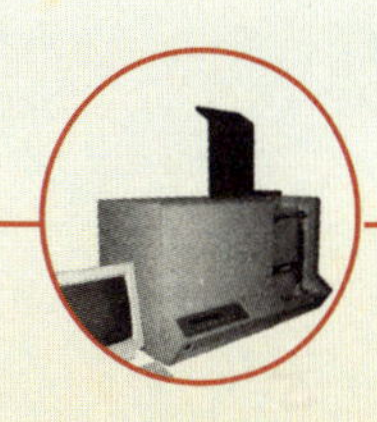

49

Entwickler:
Lyman Spitzer

HUBBLE-WELTRAUM-TELESKOP

Industrie
Landwirtschaft
Medien
Verkehr
Wissenschaft
Computer
Energie
Haushalt

Hersteller:
PerkinElmer Inc.

1990

Die Mission des im April 1990 ausgesetzten Hubble-Weltraumteleskops wurde anfangs durch menschliche Fehler beim Bau beeinträchtigt. Nach erfolgreicher Reparatur 1993 lieferte es die klarsten Bilder extrem lichtschwacher und entfernter Objekte, wobei nicht nur die heutige Struktur des Universums aufgedeckt wurde, sondern auch die in entfernter Vergangenheit, denn je weiter von der Erde entfernt wir blicken, desto weiter schauen wir in der Zeit zurück.

Deutlich ist anders

Sie haben alles getan, die Anweisungen penibel befolgt – und dann stellen Sie fest, dass eine einzige, unglaublich wichtige Messung am Anfang falsch war und das Ganze nicht funktioniert. Ist der Kuchen nach dem neuen Rezept nicht gelungen oder das Regal für die Garage schief, beginnen Sie einfach von vorne. Aber wenn es sich um ein Weltraumteleskop handelt, das 559 km über Ihrem Kopf kreist, haben Sie ein größeres Problem. Die Raumfähre *Discovery* setzte das Hubble Space Telescope (HST) im April 1990 in seiner Umlaufbahn aus, aber bald realisierten Astronomen, dass das Teleskop einen ernsthaften Defekt hatte: Die Bilder, die Hubble lieferte, waren unscharf.

WELTRAUMTELESKOPE UND -OBERSERVATORIEN

Orbiting Solar Observatory (OSO) **1962**

International Ultraviolet Explorer (IUE) **1978**

Infrared Astronomical Satellite (IRAS) **1983**

Cosmic Background Explorer (COBE) **1989**

Hubble-Weltraumteleskop **1990**

«Wir finden sie kleiner und lichtschwächer, in ständig zunehmender Zahl, und wir wissen, dass wir weiter und weiter in den Weltraum gelangen, bis wir mit den lichtschwächsten Nebeln, die mit den größten Teleskopen aufgespürt werden können, die Grenze des bekannten Universums erreichen.»

EDWIN HUBBLE (1889–1953)

Eine Analyse der Bilder ergab, dass der primäre 2,4-m-Spiegel nicht korrekt geschliffen war – die Abweichung um gerade einmal 2/1000 eines Millimeters reichte, um die Bilder von sehr lichtschwachen entfernten Objekten, deren Untersuchung eine der Hauptaufgaben von Hubble war, zu verzerren.

Der Astronom Lyman Spitzer (1914–1997) regte erstmals 1946 ein im Weltraum stationiertes optisches Teleskop an. Die Auflösung von auf der Erde stationierten Teleskopen, argumentierte er, wurde durch die Erdatmosphäre deutlich reduziert und natürlich stark beeinträchtigt durch die Wolkendecke. Bis zur Realisierung seiner Vision sollten jedoch mehrere Jahrzehnte vergehen, bis die Weltraumtechnik weit genug fortgeschritten war, um ein Teleskop ins All zu befördern, und Gelder aus dem *Apollo*-Programm zur Verfügung standen. Es muss ein bitterer Moment für ihn gewesen sein, als er entdeckte, dass sein Lebenswerk durch einen vermeidbaren menschlichen Fehler ruiniert worden war. 1993 jedoch präsentierte die NASA eine Lösung: Vereinfacht ausgedrückt, sollte Hubble eine «Brille» bekommen, die die Verzerrung korrigierte.

Ein Bild des Saturn, von Hubble im März 2004 aufgenommen.

HUBBLE-WELTRAUM-TELESKOPS

Hubble auf der Umlaufbahn um die Erde.

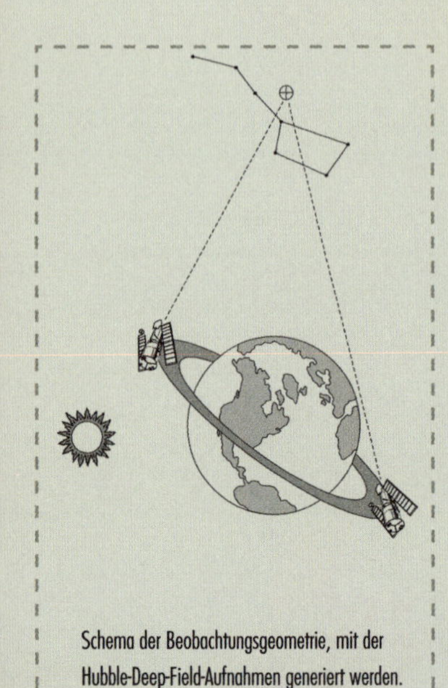

Schema der Beobachtungsgeometrie, mit der Hubble-Deep-Field-Aufnahmen generiert werden.

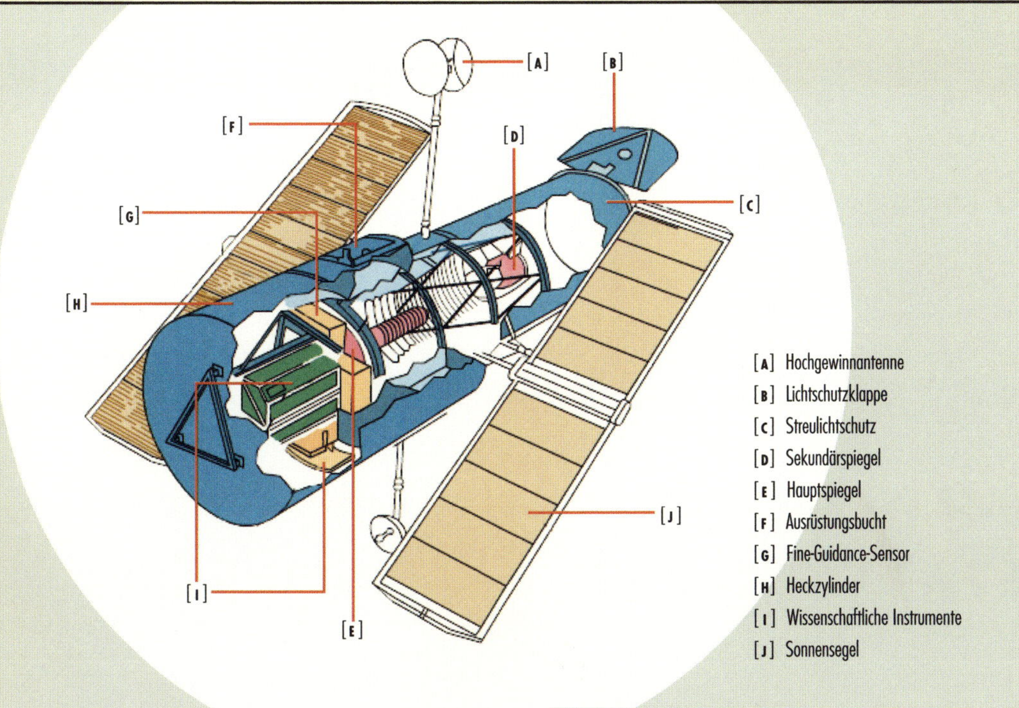

Das Hubble-Weltraumteleskop ist ein konventionelles optisches Teleskop, das dazu ausgerüstet ist, um außerhalb der Atmosphäre zu arbeiten. Vom Aufbau her ist es ein Ritchey-Chrétien-Teleskop. Das 13 m lange Gehäuse beherbergt den 2,4-m-Hauptspiegel, der das Licht von dem Objekt, das er beobachtet, auf einen kleineren Sekundärspiegel reflektiert, der das Licht bündelt und es zu den Instrumenten leitet, wo die Bilder aufgezeichnet und zur Erde gesandt werden, wo sie weiterverarbeitet werden. Zum Originalinstrumentenpaket gehörten fünf wissenschaftliche Instrumente: die «Wide Field and Planetary Camera» (WFPC), der «Goddard High Resolution Spectrograph» (GHRS), das «High Speed Photometer» (HSP), die «Faint Object Camera» (FOC) und der «Faint Object Spectrograph» (FOS), der mit sichtbarem und ultraviolettem Licht arbeitet. Die UV-Instrumente waren allem Vergleichbaren auf der Erde weit überlegen, weil die Atmosphäre den größten Teil der ultravioletten Strahlung herausfiltert, bevor sie die Erdoberfläche erreicht. Energie für das Hubble-Weltraumteleskop wird von zwei Sonnensegeln, eines auf jeder Seite des Gehäuses, erzeugt. Wie lange Hubble noch weiter betrieben werden kann, steht noch nicht fest.

ENTSCHEIDENDES MERKMAL:

POSITIONIERUNG IM WELTRAUM

Was Hubble so viel besser macht als jedes auf der Erde stehende Teleskop, ist weder die Größe seines Spiegels (auf der Erde gibt es viel größere) noch die Komplexität seiner Elektronik, sondern die Lage in einer niedrigen Erdumlaufbahn, sodass Verzerrungen durch die Atmosphäre entfallen. Mit einer Umlaufdauer von 97 Minuten scannt Hubble den Himmel pro Tag 14–15-mal.

50

Entwickler:
Rudy Krolopp

MOTOROLA STARTAC

Hersteller:
Motorola

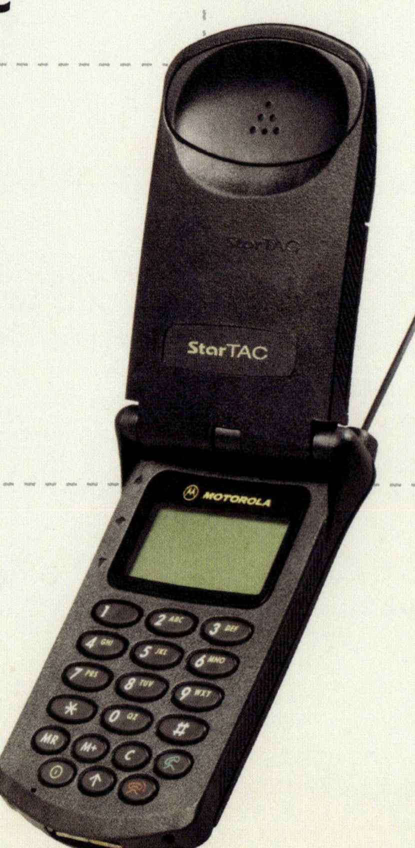

Industrie
Landwirtschaft
Medien
Verkehr
Wissenschaft
Computer
Energie
Haushalt

1996

Das letzte Kapitel befasst sich mit einer Erfindung, die sich weiter auf die Gesellschaft auswirken wird und deren Potenziale noch nicht ausgeschöpft sind. Auch wenn viele der Funktionen, die wir heute von unseren Smartphones gewohnt sind, fehlen, gilt das Klapphandy Motorola StarTAC mit seinen grundlegenden Sprach- und SMS-Fähigkeiten als eines der bahnbrechenden Handys – als das iPhone seiner Zeit.

«Beam me up, Scottie!»

Am 13. April 1973 fand in New York City, USA, eines der bedeutsamsten Ereignisse der jüngeren Medienkommunikationsgeschichte statt – auf einer Stufe mit Alexander Graham Bells erstem Telefonat oder John Logie Bairds erster Fernsehsendung: Das erste öffentliche Telefonat mit einem Mobiltelefon durch Martin Cooper (geboren 1928), seinerzeit Leiter der Forschung und Entwicklung bei Motorola. Der Prototyp des Motorola DynaTAC, den Cooper benutzte, wog heftige 1 kg und seine Batterien hielten nur 35 Minuten, 20 Minuten Gesprächszeit waren möglich. Wie sich Cooper später erinnerte, war Letzteres kein wirkliches Problem, da man das Telefon nicht so lange in der Hand halten konnte. Ein weiteres Jahrzehnt von Forschung und Entwicklung war erforderlich, bevor 1983 das erste kommerzielle Mobiltelefon vorgestellt wurde: das viel leichtere DynaTAC 8000X.

MOBILTELEFONIE

Erster Funkruf zu einem Auto	**1906**
AT&T Mobile Telephone Service	**1947**
Erstes Autotelefon	**1956**
Erstes Gespräch mit DynaTAC	**1973**
Erstes Mobilfunknetz in den USA	**1983**
Erstes Britisches Mobiltelefonienetz	**1984**
Motorola StarTAC	**1996**

«Wir hatten keine Vorstellung davon, dass innerhalb von nur 35 Jahren die halbe Weltbevölkerung Mobiltelefone haben würde und dass die Leute die Telefone für nichts bekommen.» Martin Cooper (geboren 1928), Erfinder des Mobiltelefons

Das Motorola DynaTAC 8000X, der «Großvater» aller Mobiltelefone.

Das erste «Mobilfunk»-Netz in Großbritannien ging 1984 in Betrieb und wie viele Mitbürger fragte ich mich, warum jeder den Wunsch haben sollte, beim Herumlaufen in ein Gerät zu sprechen, das wie ein Ziegelstein aussah, sich so anfühlte und mehrere Tausend Dollar kostete. Ich kam ein Jahrzehnt ohne aus. 1996 jedoch brachte Motorola, das die Größe und die Kosten seiner Telefone seit dem Original-DynaTAC verringert hatte, ein neues Modell heraus, das den Mobiltelefonmarkt verändern und Verweigerer wie mich überzeugen sollte. Nach ihren Erfolg mit dem MicroTAC von 1989 brachten sie das StarTAC heraus, entwickelt von Rudy Krolopp (geboren 1930). Einer der Anziehungspunkte des StarTAC war zweifellos seine Ähnlichkeit mit dem Communicator aus «Raumschiff Enterprise» – eine Ähnlichkeit mit der der Hersteller, wie ich vermute, spielte, als er sich für den Namen (im Englischen heißt die Serie «Star Trek») und das Aussehen entschied.

Motorola StarTAC

Entscheidendes Merkmal: Das «Clamshell»-Design

Das 1989 als «kleinstes Mobiltelefon der Welt» angekündigte MicroTAC hatte nur eine Klappabdeckung für die Tastatur. Verglichen mit dem StarTAC war es immer noch relativ groß, klobig und schwer. Angesichts der Größen- und Gewichtszunahme im Smartphonebereich jedoch bleibt das StarTAC-Klapphandy eines der kompaktesten Mobiltelefone aller Zeiten.

Das erste Mobiltelefon von Ericsson – weniger mobil als tragbar.

Wenn man die Anfänge von 1973 berücksichtigt (Stichwort «Ziegelstein»), ist das StarTAC ein Wunder an Miniaturisierung. Es wog 102 g und maß 9,5 × 5 × 2,5 cm. Natürlich war es nach heutigen Standards primitiv, aber man konnte damit telefonieren und SMS-Nachrichten versenden. Es gab kleine Indikatoricons für eingehende Sprach- und Textnachrichten und eine Anzeige für die Signalstärke oberhalb des monochromen Displays. Das Telefonbuch nahm 99 Namen/Nummern auf und die letzten 16 Nummern wurden in der Anruferliste gespeichert. Um einen Anruf anzunehmen, musste das Telefon lediglich aufgeklappt werden. Gleichzeitig wurde die Tastatur beleuchtet. Eine Kopfhörerbuchse war vorhanden, Synchronisation mit dem PC möglich (spätere Modelle boten auch Internetzugang). Das StarTAC war nicht nur das erste Klapphandy, sondern auch das erste Telefon mit Vibrationsalarm. Standard-Nickel-Metallhydrid-Akkus, optional auch Lithium-Ionen-Akkus, gewährleisteten 210 Minuten Gesprächszeit und eine Standbyzeit von 180 Stunden.

WEITERFÜHRENDE LITERATUR

Arndt, Erika (2018) *Handbuch Weben: Geschichte, Materialien und Techniken des Handwebens*, Bern: Haupt

Balk, Alfred (2005) *The Rise of Radio, from Marconi through the Golden Age*, Jefferson, NC: McFarland & Company

Bondanis, David (2006), *Das Universum des Lichts: Vom Edisons Traum bis zur Quantenstrahlung*, Hamburg: Rowohlt

Boothroyd, Jennifer (2011) *From Washboards to Washing Machines: How Homes Have Changed*, Minneapolis, MN: Lerner Classroom

Bremm, Klaus-Jürgen (2014) Das Zeitalter der Industrialisierung, Stuttgart: Konrad Theiss

Carlson, W. B. (2016): *Tesla: Der Erfinder des elektrischen Zeitalters*, München: Finanzbuch

Casey, Robert (2008) *The Model T: A Centennial History*, Baltimore: Johns Hopkins University Press

Ceruzzi, Paul E. (2016) *Computer: Eine kurze Geschichte*, Wiesbaden: Berlin University Press ein Imprint von Verlagshaus Römerweg

Chaline, Eric (2009) *History's Worst Inventions and the People Who Made Them*, New York: Fall River Press

Chaline, Eric (2011) *History's Worst Predictions and the People Who Made Them*, London: History Press

Chiras, Dan et al (2009) *Power from the Wind: Achieving Energy Independence*, Gabriola Island, BC: New Society Publishers

Cirincione, Joseph (2008) *Bomb Scare: The History and Future of Nuclear Weapons*, New York: Columbia University Press

Clark, Stuart (2012) *Kosmische Reise: Von der Erde bis zum Rand des Universums*, Heidelberg: Spektrum

Cooke, Stephanie (2010) *Atom: die Geschichte des nuklearen Zeitalters*, Köln: Kiepenheuer & Witsch

Croft, William (2006) *Under the Microscope: A Brief History of Microscopy*, Hackensack, NJ: World Scientific Publishing Company

Crump, Thomas (2007) *A Brief History of the Age of Steam: From the First Engine to the Boats and Railways*, Philadelphia, PA: Running Press

Crump, Thomas (2010) *A Brief History of How the Industrial Revolution Changed the World*, London: Robinson Publishing

Dodge, Pryor (2011) *Faszination Fahrrad: Geschichte – Technik – Entwicklung*, Bielefeld: Delius-Klasing

Donald, Graeme (2015) *Glück und Zufall in der Wissenschaft – Spektakuläre Entdeckungen und Erfindungen*, Köln, Anaconda Verlag

Dyson, George (2016) *Turings Kathedrale: Die Ursprünge des digitalen Zeitalters*, Berlin: Ullstein Taschenbuch

Edgerton, Gary (2009) *The Columbia History of American Television*, New York: Columbia University Press

Essinger, James (2007) *Jacquard's Web: How a Hand-loom Led to the Birth of the Information Age*, Oxford: Oxford University Press

Ford, Henry (2014) *Mein Leben und Werk – Autobiografie eines modernen Unternehmers*, Hanau: Amra

Fürsatz, Gerhard (2014) *Die Geschichte des Computers*, Remscheid: Re Di Roma-Verlag

Glancey, Jonathan (2008) *The Car: A History of the Automobile*, London: Carlton Books

Glander, Angelika (2009) *SINGER – Der König der Nähmaschinen: Die Biographie*, Norderstedt: BOD

Gray, Charlotte (2011) *Reluctant Genius: Alexander Graham Bell and the Passion for Invention*, New York: Arcade Publishing

Gustavson, Todd (2016) *Die Geschichte der Kamera: Eine Geschichte der Fotografie*, Köln: Librero

Heinberg, Richard (2008) *Öl-Ende: «The Party's Over» – Die Zukunft der industrialisierten Welt ohne Öl*, München: Riemann

Henry, John (2008) *The Scientific Revolution and the History of Modern Science*, Basingstoke: Palgrave Macmillan

Herlihy, David (2006) *Bicycle: The History*, New Haven, CT: Yale University Press

Ichbiah, Daniel (2005) *Roboter: Geschichte – Technik – Entwicklung*, München: Knesebeck

Kent, Steven (2008) *The Ultimate History of Video Games: From Pong to Pokemon*, Roseville, CA: Prima Publishing

Kent, David J. (2017) *Thomas Edison: Der Erfinder der Modernen Welt*, Köln: Librero

König, Johann-Günther (2017) *Fahrradfahren: Von der Draisine bis zum E-Bike*, Ditzingen: Reclam

Lessing, Hans-Erhard (2017) *Das Fahrrad: Eine Kulturgeschichte*, Stuttgart: Klett-Cotta

Loxley, Simon (2006) *Type: The Secret History of Letters*, New York: I.B. Tauris

Macaulay, David (2016) *Das neue große Mammutbuch der Technik*, München: Dorling Kindersley (Sachbuch für Kinder)

McCollum, Sean (2011) *The Fascinating, Fantastic, Unusual History of Robots*, Mankato, MN: Capstone Press

McNichol, Tom (2006) *AC/DC: The Savage Tale of the First Standard Wars*, Hoboken, NJ: Jossey-Bass

Millard, Andre (2005) *America on Record: A History of Recorded Sound*, Cambridge: Cambridge University Press

Mortimer, Ian (2017) Zeiten der Erkenntnis: Wie uns die großen historischen Veränderungen bis heute prägen, München: Piper

Naumann, Friedrich (2015) *Vom Abakus zum Internet: Die Geschichte der Informatik*, Chemnitz: E-Sights Publishing

Nowell-Smith, Geoffrey (2006) *Geschichte des internationalen Films: Sonderausgabe*, Stuttgart: J. B. Metzler

Oxdale, Chris (2011) The Light *Bulb (Tales of Invention)*, Chicago, IL: Heinemann Library

(AUSWAHL)

Petzold, Charles (2008) *The Annotated Turing: A Guided Tour Through Alan Turing's Historic Paper on Computability and the Turing Machine*, Hoboken, NJ: John Wiley & Sons

Poole, Ian (2006) *Cellular Communications Explained: From Basics to 3G*, Boston, MA: Newnes

Pugh, E.W. (2009) *Building IBM: Shaping an Industry and Its Technology*, Cambridge, MA: MIT Press

Richards, Julia and Scott Hawley, R. (2010) *The Human Genome, Third Edition: A User's Guide*, Waltham, MA: Academic Press

Reichl, Eugen (2015) *Saturn V: Die Mondrakete*, Stuttgart: Motorbuch

Reichl, Eugen (2014) *Projekt «Apollo»: Die frühen Jahre*, Stuttgart: Motorbuch

Rolt, L. T. C. (2007) *Victorian Engineering*, London: History Press

Schaper, Michael (Hrsg.) (2017) *GEO Epoche Kollektion 07/2017 – Die industrielle Revolution*, Hamburg: Gruner + Jahr

Sherman, Josepha (2003) *The History of Personal Computers*, New York: Franklin Watts

Silberzahn-Jandt, Gudrun (1991) *Wasch-Maschine: Zum Wandel von Frauenarbeit im Haushalt*, Marburg: Jonas Verlag

Smiles, Samuel (2010) *Lives of the Engineers George and Robert Stephenson: The Locomotive*, Charleston, SC: Nabu Press

Smiles, Samuel (2010) *Men of Invention and Industry*, Charleston, SC: Nabu Press

Sparrow Gilles (2014) *HUBBLE: Die schönsten Bilder aus dem All*, 2. Auflage, Stuttgart: Franckh Kosmos

Sparrow, Giles (2007) *Abenteuer Raumfahrt: 50 Jahre Expeditionen ins All*, München: Dorling Kindersley

Stephenson, Charles (2004) *Zeppelins: German Airships 1900–40*, Oxford: Osprey Publications

Stross, Randall (2008) *The Wizard of Menlo Park: How Thomas Alva Edison Invented the Modern World*, New York: Three Rivers Press

Swedin, Eric and Ferro, David (2007) *Computers: The Life Story of a Technology*, Baltimore, MD: Johns Hopkins University Press

Tames, Richard (2009) *Isambard Kingdom Brunel*, Oxford: Shire

Technoseum (2016) 2 Räder – 200 Jahre: Freiherr von Drais und die Geschichte des Fahrrades, Mannheim: Technoseum

Typewriter Topics (2003) *The Typewriter: An Illustrated History*, London: Dover Publications

von Schulthess, Gustav K. (2016) *Röntgen, Computertomografie & Co.: Wie funktioniert medizinische Bildgebung?*, Heidelberg: Springer

Watson, James (2011) *Die Doppel-Helix: Ein persönlicher Bericht über die Entdeckung der DNS-Struktur*, Hamburg: Rowohlt

Zimmer, Harro (2007) *Aufbruch ins All. Die Geschichte der Raumfahrt*, Darmstadt: Primus

Nützliche Websites (Auswahl)

Automatic Washer Collectors: www.automaticwasher.org
Bild der Wissenschaft: www.wissenschaft.de/startseite
Caterpillar History: www.caterpillar.com
Computer History: www.computerhistory.org
Computergeschichte: www.homecomputermuseum.de
Deutsches Museum, München: www.deutsches-museum.de
Deutsches Technikmuseum, Berlin: /sdtb.de/technikmuseum/startseite
Deutsches Zentrum für Luft- und Raumfahrt e. V. (DLR): www.dlr.de
Early Visual Media Museum: www.visual-media.be
extrasolar-planets.com: www.astris.de/raumfahrt/index.1.html
General Electric History: www.ge.com
Grace's Guide to British Industrial History: www.gracesguide.co.uk
Greatest Achievements of the Twentieth Century: www.greatachievements.org
Hubble Space Telescope (ESA) (englisch): www.spacetelescope.org
Hubble Space Telescope (NASA) (englisch): www.hubblesite.org
Internationale Atomenergie-Organisation (IAEO) (englisch): www.iaea.org
Magnox Reactors: www.magnoxsites.co.uk
Model T Central: www.modeltcentral.com
Motorola Timeline: www.motorolasolutions.com
NASA (Apollo Program) (englisch): www.history.nasa.gov/apollo.html
National Geographic History of Photography: www.photography.nationalgeographic.com
Nationales Genomforschungsnetz: www.ngfn.de/de/verstehen_der_menschlichen_erbsubstanz.html
Robots: www.robots.com
Science Museum: www.sciencemuseum.org.uk
ScienceBlogs/Technik: scienceblogs.de/channel/technik/
Scinexx.de: www.scinexx.de/technik.html, www.scinexx.de/kosmos.html, www.scinexx.de/energie.html
Smithsonian Institution: www.si.edu
Sony History: www.sony.net
Swiss Science Center Technorama, Winterthur: www.technorama.ch
Techniklexikon.net: www.techniklexikon.net
Technisches Museum, Wien: www.technischesmuseum.at
Technoseum, Mannheim: www.technoseum.de
Total Rewind: History of the VCR: www.totalrewind.org
Vintage Appliances: www.antiqueappliances.com
Vintage Tools and Gadgets: www.vintageadbrowser.com
Was war wann, Geschichte der Technik: www.was-war-wann.de/geschichte/technik-geschichte.html
Wikipedia: de.wikipedia.org
Windkraft: www.windsofchange.dk

BILDQUELLEN

8, 9, 11 © Getty Images
9 u li © Deutsche Fotothek
10 © Clem Rutter
12, 13, 14, 15 © Science Museum | SSPL
16 © Getty Images
17 © Phil Sangwell
19 o © Bin im Garten | CC
20, 23 © Getty Images
22 © Surya Prakash.S.A. | CC
24 © Science Museum | SSPL
30 © Bettmann | Corbis
34 o © Science Museum | SSPL
34 u © Jitze Couperus
35 o © Andrew Dunn
35 u © Science Museum | SSPL
36 © Alex Askaroff
43 o © Carlos Caetano | Dreamstime.com
46, 50 o © Science Museum | SSPL
49 © Library of Congress
51 u re © Keithw1975 | Dreamstime.com
52, 54, 56 u li, 58 © Science Museum | SSPL
60 © Library of Congress
62 li © Library of Congress

62 re © Phonetic | CC
63 o © Alkan2011 | Dreamstime.com
64 © Library of Congress
65 o li © Jalal Gerald Aro
66 © Gamma-Rapho via Getty Images
67 © Mcapdevila | CC
70 © Mary Evans | Glasshouse Images
71 li © Mcapdevila | CC
71 re © Stanislav Jelen | CC
73 © Cliff1066
77 o re © Rob Flickenger | CC
77 u © Bev Parker
78 © Vitold Muratov | CC
80 © Alinari via Getty Images
84, 88 © Science Museum | SSPL
86 © Clbinelli | CC
87 u © Kolossos | CC
89 o © Chezlov | Dreamstime.com
89 u © Jonathan Weiss | Dreamstime.com
90, 92 © Håkan Svensson | CC
93 o © Jeremy Burgin | CC
93 m, **93** u © Håkan Svensson | CC
94 © CC
96 re © Roger McLassus | CC
97 o © Heinrich Pniok | CC
98, 103 © John Jenkins
100 © CC
101 u © Brock Craft | CC
102 o © Túrelio | CC
103 re © Brock Craft | CC
104 © Corbis – Multiple Usage
105 © Library of Congress
107 © Jnarrin | CC
108 © Car Culture
109 li © Science Museum | SSPL
109 re © Peter Sjökvist | Dreamstime.com
110, 113 © Brandom Tuomikoski
112, 113 re © USPTO
114, 117 © The Bancroft Library

117 u © USPTO
118 © njauction.com
120 li © njauction.com
121 o © FDominec | CC
121 m © Ssawka | CC
122, 124 © Science Museum | SSPL
125 li © Mbeychok | CC
125 o re © Library of Congress
125 m re © USPTO
125 u re © Juan de Vojníkov | CC
126 © Science Museum | SSPL
127 o © Bundesarchiv | CC
127 u © Naval History and Heritage Command
128 li, **128 o** © Grombo | CC
129 m © WerWil | CC
129 u © Daderot | CC
130, 134, 134 li © Science Museum | SSPL
135 o re © Science Photo Library
136 © Mt Hawley Country Club
138 © J Brew | CC
139, 140 © Oysteinp | CC
140 o © Science Museum | SSPL
142 © Getty Images – SINGLE USAGE
144 li © NASA
144 re © AElfwine | CC
145 u re © USAF
146, 148, 149 © R. Seger | www.automaticwasher.org
147 © CLI | CC
152 © Poil | CC
154, 159 © Ralf Manteufel | GNU **1.2**
156 © Armchair Ace | GNU
157 © SSPL via Getty Images
158 © Green Lane | CC
159 u © Tony Hisgett | CC
160, 162 © Bidgee | CC
162 li, 163 © John Young | www.vintagemowers.net

163M © John Young | www.vintagemowers.net

164 © Science Museum | SSPL

166 © Culham Centre for Fusion Energy

168 li, 168 re © Science Museum | SSPL

169 o © CC

169 u © Culham Centre for Fusion Energy

170, 173 © Science Museum | SSPL

172 li © Library of Congress

172 re © Science Photo Library

174, 176, 177, 178 li, 178 re, 179 m, 179 u, 210, 211, 212 li, 212 re © NASA

180, 182 © Science Museum | SSPL

182 o li © ChumpusRex | CC

183 u © Ian Dunster | CC

184, 187 © JVC

186 u (2 Abb.) © Georgios | Dreamstime.com

190 u © JohnnyBoy**5647** | CC

191 li © Georges Seguin | CC

194 re © Marc Zimmermann | CC

196, 198 © Flemming Hagensen

198 li © Asist | Dreamstime.com

200, 204 © Ruben de Rijcke | CC

203 © Johann H. Addicks | CC

205 o © steverenouk | CC

205 u li © German | CC

206 © Michael Pereckas | CC

208 © Giac83 | CC

213 © Steal88 | CC

214, 217 © Science Museum | SSPL

216 li © Redrum0486 | CC

Es wurde alles dafür getan, die Copyright-Inhaber der in diesem Buch verwendeten Bilder zu ermitteln. Wir entschuldigen uns für etwaige versehentliche Auslassungen und Fehler und werden diese in zukünftigen Auflagen selbstverständlich korrigieren.

Oben (o); unten (u); links (li); rechts (re); Mitte (m)

Creative Commons (CC)

REGISTER

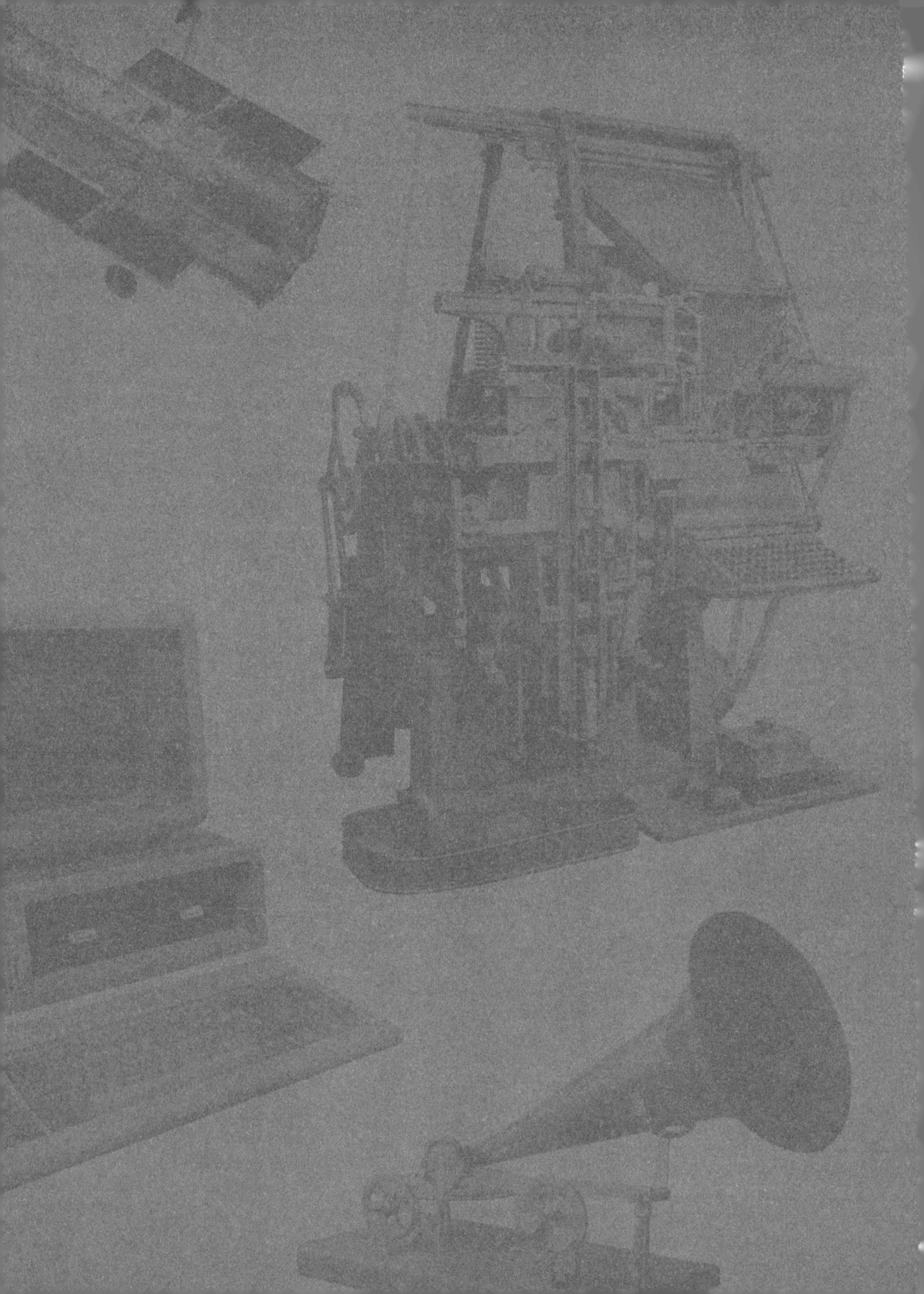